"十三五"高等院校数字艺术精品课程规划教材

H5 页面创意设计

邓嘉琳 编著

全彩慕课版

U0202787

人民邮电出版社

北 京

图书在版编目（CIP）数据

H5页面创意设计：全彩慕课版 / 邓嘉琳编著. --
北京：人民邮电出版社，2021.9
"十三五"高等院校数字艺术精品课程规划教材
ISBN 978-7-115-55258-7

Ⅰ．①H… Ⅱ．①邓… Ⅲ．①超文本标记语言—程序
设计—高等学校—教材 Ⅳ．①TP312.8

中国版本图书馆CIP数据核字(2020)第220625号

内 容 提 要

随着移动互联网技术的日益普及和迅猛发展，"H5"这个新兴名词逐渐被更多的人认识和了解。
本书从H5页面设计与制作的角度出发，以设计案例和项目实践相结合的方式，介绍了H5页面设计与
制作的相关知识与操作技能。全书共9章内容，分别是认识H5、认识H5的设计规范和工具、H5页
面的设计基础、H5页面的素材设计、H5页面的动效设计、H5页面的创意设计、活动运营H5页面的
设计与制作、产品推广H5页面的设计与制作、企业招聘H5页面的设计与制作。各章都设有"学习引
导""项目实训""实战演练"等模块，能帮助读者理解和掌握H5页面设计与制作的关键知识，并开
拓读者的设计思维，提高其实际操作能力。

本书适合作为高等院校H5页面设计与制作类课程的教材，也可作为从事与H5页面设计与制作相
关工作的从业人员的参考书。

◆ 编　著　邓嘉琳
　　责任编辑　王亚娜
　　责任印制　彭志环

◆ 人民邮电出版社出版发行　　北京市丰台区成寿寺路11号
　　邮编　100164　　电子邮件　315@ptpress.com.cn
　　网址　https://www.ptpress.com.cn
　　固安县铭成印刷有限公司印刷

◆ 开本：787×1092　1/16
　　印张：13.75　　　　　　　　　　　2021年9月第1版
　　字数：300千字　　　　　　　　　　2024年8月河北第6次印刷

定价：69.80元

读者服务热线：(010)81055256　印装质量热线：(010)81055316
反盗版热线：(010)81055315
广告经营许可证：京东市监广登字 20170147 号

前言

　　随着移动互联网技术的不断发展，以及移动设备的不断普及，基于移动互联网技术和移动设备的H5开始被广泛应用于广告营销。H5是基于HTML5来实现的，而HTML5是第五代HTML的标准。通俗地讲，H5就是一个网页，它是可以放置文本、图片、音频和视频等多种媒体元素的文件。由于H5具有很强的传播性，许多企业都会使用H5对营销内容进行展示与传播，如企业文化宣传、广告宣传、活动通知、产品促销等。因此，无论是从事设计，还是营销工作，掌握H5页面设计与制作的方法都是非常有必要的。

　　中国式现代化蕴含的独特世界观、价值观、历史观、文明观、民主观、生态观等及其伟大实践，是对世界现代化理论和实践的重大创新。新时代的中国青年，是伟大理想的追梦人，也是伟大事业的生力军。本书贯彻党的二十大精神，注重运用新时代的案例、素材优化教学内容，改进教学模式，引导大学生做爱国、励志、求真、力行的时代新人。

　　本书内容全面，深浅适度。第1章、第2章主要对H5的基础知识进行讲解，第3章~第6章主要对H5页面的设计基础、素材设计、动效设计、创意设计等进行讲解，第7章~第9章则通过3个综合案例讲解不同类型H5页面的设计与制作方法。本书在按照现代教学需要进行编写的基础上，突出了实用性和可操作性。本书不但对H5基础知识和常见设计规范及方法进行了介绍，还通过实例的形式，对不同的H5编辑工具进行了介绍。同时，为了帮助读者快速了解H5，掌握不同类型的H5页面的设计方法，本书在理论讲解环节结合典型案例进行分析。这些案例均来自于实际设计工作和典型行业应用，具有较强的参考性和指导性，可以帮助读者更好地梳理知识，掌握设计方法。

从体例结构上来看，本书采用"知识讲解+项目实训+实战演练"的讲解结构。"知识讲解"中穿插了大量的案例设计，让读者边学边做，快速上手。同时，每章都提供"高手点拨"等小栏目，可以拓宽读者的知识面，提高其应用技巧。"项目实训"板块中的每个项目中都给出了明确的项目目的、制作思路等，部分章节还给出了具体的操作步骤，以理论与实践结合的方式开展教学。每章最后"实战演练"中的练习题，可以帮助读者提高实操能力。

全书慕课视频，读者可登录人邮学院网站（www.rymooc.com）或扫描封面上的二维码，使用手机号码完成注册，在首页右上角单击"学习卡"选项，输入封底刮刮卡中的激活码，即可在线观看慕课。扫描书中的二维码也可直接观看操作视频。

此外，本书赠送丰富的配套资源和教学资源，需要的读者可以访问人邮教育社区网站（https://www.ryjiaoyu.com/），通过搜索本书书名进行下载。具体的资源如下。

（1）素材和效果文件：本书知识讲解、项目实训及实战演练中所有案例的相关素材和效果文件。

（2）PPT等教学资源：与教材内容相对应的精美PPT、教学教案、教学大纲等配套资源。

由于编者水平有限，书中难免存在不足之处，欢迎广大专家、读者给予批评指正。

编者
2023年5月

目录

第3章 H5页面的设计基础 / 36

第6章 H5页面的创意设计 / 109

第7章 综合案例 活动运营H5页面的设计与制作 / 135

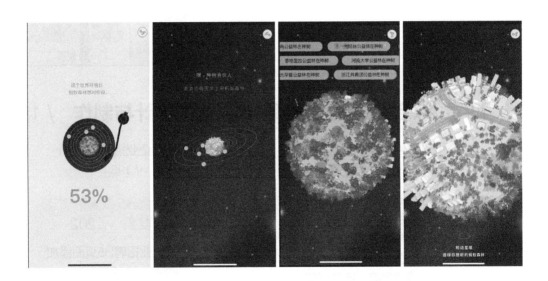

第8章 综合案例 产品推广H5页面的设计与制作 / 163

第9章 综合案例 企业招聘H5页面的设计与制作 / 187

Chapter 1

第1章
认识H5

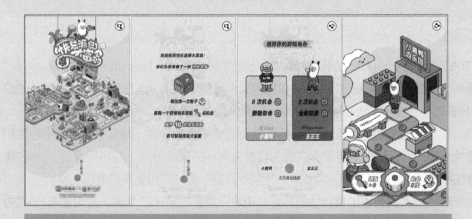

<table>
<tr><td colspan="4" align="center">学习引导</td></tr>
<tr><td></td><td>知识目标</td><td>能力目标</td><td>情感目标</td></tr>
<tr><td>学习目标</td><td>1. 掌握与H5相关的概念
2. 了解如何学好H5设计
3. 了解H5设计的相关流程</td><td>1. 掌握H5的基础知识
2. 掌握H5设计人员应具备的素质和能力
3. 能够设计并发布H5</td><td>1. 培养对H5设计的学习兴趣
2. 培养素材的搜集与整合能力</td></tr>
<tr><td>实训项目</td><td colspan="3">1. 旅游推广H5页面素材的搜集与制作
2. 邀请函H5页面素材的搜集与制作</td></tr>
</table>

H5是一种全新的适应移动互联网时代的信息链接与展现方式，设计人员只需对需要推广的内容进行简单的编辑与发布，即可做到"所见即所得"。本章将对H5的基础知识、H5的设计与制作流程进行介绍。

1.1 H5的基础知识

H5凭借其丰富多样的展现方式、强大的互动性和良好的视听体验得到用户的认可，因此越来越多的商家选择使用H5来进行产品与品牌的宣传与推广，以提高用户关注度。下面将对H5的基础知识进行介绍。

微课视频

H5的基础知识

1.1.1 H5是什么

H5是HTML5的缩写，HTML5是第5代超文本标记语言（Hyper Text Markup Language，HTML）的简称。浏览器通过解码HTML，可以把网页内容显示出来，这样用户就能看到H5的设计内容。H5具备跨平台性和本地储存性的特点，下面分别进行介绍。

- 跨平台性。H5能兼容PC、Pad、手机等常用的电子设备平台，具有很好的跨平台性和兼容性，用户可以轻松地将需推广的内容植入各种不同的开发、应用平台上。H5的跨平台性不仅可以降低开发与运营成本，还能使产品和品牌获得更多的展现机会。
- 本地储存性。H5具有本地储存性的特点，用户只需要扫描H5二维码，即可查看H5的内容。而且相对于App来说，H5拥有更短的启动时间和更快的连网速度，而且无须下载，不占用储存空间，适合手机等移动媒体。

我们通常所讲的H5并不是指HTML5这种语言本身，而是指运用HTML5制作出的H5页面效果。H5在功能上能够独立完成视频、音频、画图的制作，使用H5制作的页面不仅视觉效果有较大的提升，更拥有图片没有的强大优势，如可操作性与互动性强、展现方式多样、表现形式丰富、视听效果好等。图1-1所示为某H5游戏页面。从内容设计上来看，该案例是一个游戏操作介绍，在操作时，每一步操作都有文字解析，用户只需根据提示即可完成游戏的操作。从效果的设计上来看，游戏采用动画的形式，集文字、互动等多种元素于一体，不但视觉美观，而且趣味十足。另外，用户还可以在该游戏页面中点击"分享"按钮分享游戏，能起到很好的推广作用。

图1-1　某H5游戏页面

1.1.2　H5的类型

为了使H5作品获得更多关注，设计人员对H5的内容设计不断进行创新，目前常见的H5有活动运营型H5、品牌宣传型H5、产品推广型H5、总结报告型H5 4种类型。

- 活动运营型H5。活动运营型H5即通过文字、画面和音乐等方式为用户营造活动场景，从而达到营销目的的H5类型。活动运营型的H5包括游戏、营销活动、测试题等多种形式。如今的活动运营型H5需要通过更强的互动，更高质量的内容来促成用户的分享传播。图1-2所示为某活动运营型H5页面。该页面通过问答选择的形式和具有指导性的按钮让用户选择，并根据用户选择的结果进行分析，提升了趣味性。

图1-2　某活动运营型H5页面

● 品牌宣传型H5。品牌宣传型H5等同于品牌的小型官网，其内容更倾向于品牌形象塑造，向用户传达品牌的态度。品牌宣传型H5在设计上需要运用符合品牌形象的视觉语言，让用户对品牌留下深刻印象。图1-3所示为某品牌宣传型H5页面。该H5页面首先以森林为设计元素，以此体现品牌形象，然后通过生动的文案对参与的用户进行答谢，最后通过实景展现的方式，将不同保护区的自然景象展现出来。该页面不仅起到了公益宣传的作用，还能达到宣传品牌的目的。

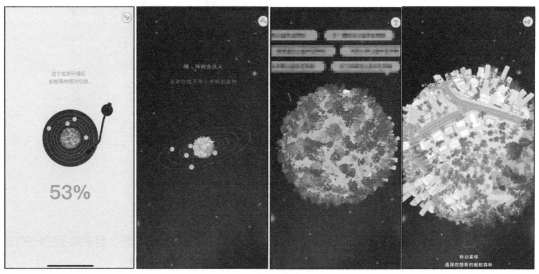

图1-3　某品牌宣传型H5页面

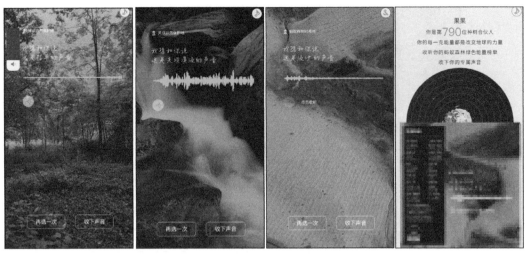

图1-3　某品牌宣传型H5页面（续）

- 产品推广型H5。产品推广型H5主要是对产品信息进行展示，包括产品的功能、作用、类型等。在设计时，设计人员可在H5页面中运用交互技术来展示产品特性，吸引用户购买。图1-4所示为某产品推广型H5页面。该H5页面主要通过动画的形式进行产品展示。该页面首先对产品进行了简单介绍，吸引用户点击查看，然后通过场景的递进效果吸引用户继续浏览，最后通过问答的方式来展现产品的具体内容与特点，吸引用户购买和浏览。

- 总结报告型H5。总结报告型H5主要是对企业的产品、业绩、经验教训等进行总结，展示企业信息。这种H5页面就像PPT，本身不具备互动性，但是为了视觉上的美观性，设计人员在设计时也可以添加动态的切换展示效果，让整个页面更具动感。图1-5所示为某总结报告型H5页面。该页面以问答的形式将报告内容分别展示出来。当问答结束后，需要输入用户的名字，网页会以图像与文字结合的方式将报告内容整体呈现出来。

图1-4　某产品推广型H5页面

图1-4　某产品推广型H5页面（续）

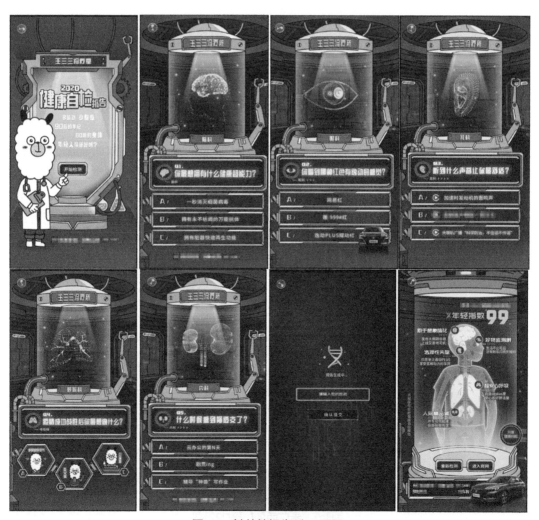

图1-5　某总结报告型H5页面

1.1.3　H5的风格

认识H5的类型后，设计人员还需要了解H5的常用风格。下面对H5的常见风格进行介绍。

● 简约风格。简约风格会给人轻松、舒适的感觉，常用于传递品牌理念、活动文化和活动主题等。设计简约风格的H5要求设计人员具有敏锐的洞察力，能够准确把握品牌的特色。简约风格多采用弱对比色调来进行页面的展示，也可以通过恰当的留白来形成简约的视觉效果。图1-6所示为简约风格的H5页面效果。

● 扁平化风格。扁平化风格的H5页面一般由纯色图形组成，页面简洁干净。扁平化风格的核心意义就是去除冗余、厚重和繁杂的装饰效果，体现简单、清爽的特点。因此设计人员在设计时可将主要信息作为突出点，通过形状、色彩、字体等内容的添加，使页面呈现出清晰明了的视觉层次，更易于用户理解与传播。扁平化风格适用于旅游、游戏、电子商务、食品等行业和儿童产品的H5页面制作。图1-7所示为扁平化风格的H5页面效果。

图1-6　简约风格　　　　　　　　　　　图1-7　扁平化风格

● 科技感风格。科技感风格的H5备受年轻人的喜爱，主要体现电子化、高科技的炫酷风格。科技感风格常用于互联网、汽车等领域的H5页面制作。图1-8所示为科技感风格的H5页面效果。

● 卡通风格。在卡通风格的H5页面中，设计人员往往通过卡通形象来表现主题内容，既轻松又有趣。卡通风格常用于游戏场景。图1-9所示为卡通风格的H5页面效果。

● 水墨风格。水墨风格的H5具有浓郁的古典韵味，常用于武侠游戏宣传、房地产宣传或产品宣传等。图1-10所示为水墨风格的H5页面效果。

图1-8　科技感风格　　　　　　　　图1-9　卡通风格

- 手绘风格。手绘风格是通过手绘的形式，将设计融入H5页面中，形成丰富、细腻、纯朴、自然的表现风格。这里的手绘可以是简单的线条，也可以是生活中的场景，还可以是简单的人物。与其他风格相比，手绘风格的H5更加贴近生活。图1-11所示为手绘风格的H5页面效果。

- 混合风格。有时候单一的H5风格并不能很好地体现设计人员想要的效果，此时可以融合多种风格，形成别具一格的混合风格。混合风格的H5页面中有丰富的素材，能形成一种新的视觉效果，带来强烈的感染力。图1-12所示为混合风格的H5页面效果。

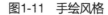

图1-10　水墨风格　　　　　　　图1-11　手绘风格　　　　　　　图1-12　混合风格

1.1.4　H5的优势与不足

虽然H5能很好地传递产品信息，但也存在一些不足。下面对其优势与不足分别进行介绍。

1. 优势

H5的优势主要体现在用户参与感强、活动方式多、传播力度强和成本较低4个方面。

● 用户参与感强。H5具有很强的互动性，当用户进入H5页面后，能通过页面中各种元素的展现接收到设计人员想要传达的信息，同时动态、交互元素还能给用户留下深刻的印象。用户参与感较强的H5主要是各类H5小游戏，除此之外还有许多可以促进用户参与的H5作品，如测试类H5等。

● 活动方式多。H5页面中常常可通过不同方式进行活动的展现，如投票、表单、红包等。设计人员可通过这些方式提升H5的宣传效果。

● 传播力度强。大多数的H5主要依托于用户的社交关系进行传播，用户自发分享是H5传播的重要途径。具有较强参与感与互动性的H5能引起用户的传播兴趣，促使用户在朋友圈、微博等各种社交渠道中进行传播。

● 成本较低。H5相对于平面设计、视频录制、动效制作等工程来说，具备制作成本低、传播成本低的特点。设计人员可直接套用模板或在网页编辑器中制作H5，其制作难度和成本较低。而且H5大多是在微信平台中依靠用户的朋友圈关系进行传播的，宣传成本较低。

2. 不足

H5的不足主要包括存在不完善性、传播途径单一、同质化现象严重和没有统一的行业工具等几个方面。

● 存在不完善性。H5的技术还存在不完善性，如交互不够灵活、页面卡顿、延展性不够等，这些不完善性会导致用户体验度不高，容易造成留存不高、转化不高等现象。

● 传播途径单一。H5营销与推广是基于微信平台来进行的，设计人员需要按照微信审核规则做出具体的方案，存在较大的局限性和单一性。

● 同质化现象严重。随着H5的快速发展，H5的同质化现象逐渐显露出来，在一定程度上降低了用户的关注持久性。

● 没有统一的行业工具。每一个行业都有一个或多个具有代表性的工具，如平面设计行业有Photoshop、Illustrator等软件，视频行业有After Effects、Premiere等软件。H5的工具软件虽然有很多，但都不具备代表性，只能进行简单的操作，无法达到统一的规模。

1.1.5　H5页面设计的五大原则

设计人员在进行H5页面设计前需要先掌握H5页面设计的五大原则：一致性原则、简洁性原则、条理性原则、可视化原则和切身性原则。

● 一致性原则。一致性原则贯穿H5页面设计的全过程，如在进行页面设计时，页面的版式、文字字体，图片图形的颜色、风格、色调等要做到基本统一和协调；在对内容进行展示时，页面中的文案表述方法、动效风格设置需要保持一致等。

- 简洁性原则。如果页面中存在大量内容会显得整个页面杂乱无章，从而降低用户继续浏览的兴致。此时，设计人员可以先对内容进行删减，通过概括性的标题来吸引用户，然后利用动态效果循序渐进地对内容进行展示，即遵循简洁性原则，以帮助用户理解H5页面。

- 条理性原则。设计人员在进行H5页面设计时通常需要按照一定的条理来进行展示，先讲解比较简单的内容，然后依次对复杂内容进行展现，以免阻碍用户的信息获取，增加用户的学习难度，最好做到"一个页面只讲一件事"。因此，设计人员在进行设计前需要先对内容做梳理，分清主次关系。

- 可视化原则。H5页面的可视化原则是指通过生动有趣的图片、视频、动画等直观元素的添加与设计，将文字、数据等信息直观地表达出来，使用户在短暂的碎片化时间内收到设计人员要传达的核心思想和信息，提高信息传递的效率。

- 切身性原则。切身性原则是指通过设计直击用户内心深处的"动情点"，从而到达信息传播的目的。切身性原则需要设计人员从用户熟悉的生活和热点事件中寻找"突破点"，并据此进行内容设计，以引发用户的共鸣。

1.2 如何学好H5设计

微课视频

一个优秀的H5设计作品，能大幅度提升用户的浏览量，并带动用户之间的传播。那么优秀的H5设计作品应具备哪些特点呢？设计人员应具备哪些素质与能力呢？下面分别进行介绍。

如何学好H5设计

1.2.1 优秀的H5设计作品应具备的特点

一个H5设计效果的出众与否，会直接影响其传播效果，甚至会影响用户对这个品牌或产品的认识。一个优秀的H5设计作品应该具备以下特点。

- 创新创意。创新的内容更容易引起用户的好奇心，让用户主动去传播与分享，因此，创新创意是H5设计必不可少的要点。通常情况下，设计人员可以从文字、创意内容等方面来体现H5的创意点，这需要其多角度地去了解一些优秀H5设计作品的创意来源、文案构思及设计风格，吸收并运用其中的创新创意要点，日积月累，最后形成自己的独特风格。图1-13所示为某平台游戏的H5页面。该H5页面全程闪现App卡通图标，加深了用户的印象。其页面内容是用户熟悉的游戏场景，设计人员将其融入H5页面中提升了用户的亲切感。

图1-13　某平台游戏的H5页面

- 统一风格。一个优秀的H5设计作品除了需要创新创意，还需要注意统一风格。统一风格是指H5页面中各种元素的色彩、风格都要和谐自然，所有细节部分都应与整体视觉设计相符合。如H5是怀旧复古风格，其页面设计就不能使用过于现代化的字体和图片；H5是清新文艺风格，其页面设计最好不要使用花哨的动画效果等。统一风格的H5可以给用户带来更高品质的视觉体验。图1-14所示为某音乐平台MV的H5页面。该页面采用非常典型的水墨风格，以深重的棕色作为主色调，具有浓厚的年代感，再搭配书法字体与古风词曲，整个页面意境优美。图1-15所示为某搜索引擎的H5页面，该页面采用手绘卡通设计风格，页面中的卡通样式文字与图片元素都与整体风格相符合，在统一风格的基础上赋予了作品更鲜明的特色。

图1-14　某音乐平台MV的H5页面

图1-15　某搜索引擎的H5页面

- 注重氛围。不同的氛围可以传达出不同的情感，在H5页面中营造氛围可以烘托某种对应的情感，更好地传达H5的主题，将用户带入H5作品中，实现情感上的共鸣。图1-16所示为某文具企业的H5页面。该H5页面采用非常典型的扁平化风格，通过铅笔、橡皮擦、书桌、黑板等物品来让用户回忆高考，再加上互动的玩法，如可选择"陪战宣言"为高考学子加油等，营造出一种高考时奋战学习的氛围，使用户产生了情感上的共鸣。

图1-16　某文具企业的H5页面

- 强调真实的用户体验。强调真实的用户体验是指H5页面的风格、色彩、版式及互动的形式等要素能让用户产生一种真实的体验，因此设计人员在设计时要以用户为核心，让用户真实地参与到H5活动中。图1-17所示的H5页面属于照片合成类的活动页面。该H5页面提供一种人像合成的趣味交互功能，用户可以在其中添加自己的照片来合成具有年代感的照片。其页面简洁，操作简单，且可以让用户真实地参与进来，用户体验度比较高。

图1-17 某照片合成类H5页面

1.2.2 H5设计人员应具备的能力

一个优秀的H5设计人员至少需要具备以下3种能力。

- 艺术表现力。艺术表现力体现在两方面：一是要有艺术功底，H5设计人员应具有扎实的美术功底和对美好事物的鉴赏能力；二是创作的能力，H5设计人员应掌握基本的图像处理与设计能力，能够熟练使用Photoshop、Dreamweaver、Flash等设计软件，还要具备H5动画编辑软件的使用能力，如MAKA、人人秀、iH5等，能将艺术性的想法具现化为作品。

- 适应用户需求的能力。适应用户需求的能力是指H5设计人员能通过图片、动效或视频等素材准确地向用户展示H5页面内容，挖掘用户的关注点，制作出适应用户需求的作品。该能力具体表现为通过图片、动效、文字、色彩搭配，表现出企业、活动、产品独特性的能力；从运营、推广、数据分析的角度去思考如何提高H5页面的点击率，进行传播与推广的能力；跨越技术层面来追求更高的转化率，引起用户购买欲望的能力等。

- 不断创新的能力。创新是H5设计的灵魂，创新能力是一个优秀H5设计人员所必须具备的基本素质。如果H5设计人员一味地循规蹈矩则有害无益，优秀的H5设计人员首先应有创新意识，然后时刻关注H5的发展方向，最后根据实时内容进行页面的设计。

1.3 H5的设计与制作流程

在进行H5页面设计与制作时，设计人员需要先明确设计目标，然后根据用户需求进行内容策划，再进行H5页面设计和交互设计，最后生成和发布H5，这样完成的作品才能更符合用户的需求。

微课视频

H5的设计与制作流程

1.3.1 明确设计目标

明确设计目标是进行H5设计的前提条件。如果没有明确的目标，设计人员设计出的效果将难以令人满意。在设计之初，H5就要建立在具体的目标上，如到底要做什么，需要在其中表达什么内容等。在设计前还需要考虑是直接套用模板进行制作，还是先用图像工具进行页面设计，再使用H5编辑器进行动效制作，并将重点信息罗列出来，如需要在H5中体现的促销产品价格，需要展现的具体内容，或需要总结和展示的企业信息、企业特色等。明确设计目标可为H5内容的策划提供方向。

1.3.2 内容策划

确定好设计目标后，即可对H5内容进行策划。设计人员在进行内容策划时，可以先明确内容策划的方向，一般可从内容方向、交互方向和视觉方向3个方向进行。

- 内容方向。内容方向是指以介绍内容为主的H5页面效果。该H5页面可以从用户情感出发，基于大众所熟知和想了解的内容入手，如节日类、信息广告类、电视影片类等H5多从内容方向策划。
- 交互方向。交互方向是指注重与用户建立丰富的互动体验的H5页面效果，用户操作是该H5页面的主要卖点，如游戏类、广告类H5多从交互方向策划。
- 视觉方向。视觉方向是指以画面为主的H5页面效果。这里的视觉不是单单指好看，而是把视觉重点放在画面执行上，使画面具有丰富的动效，更具冲击力，如促销类、品牌宣传等H5多从视觉方向策划。

当选定一个方向后，设计人员可对策划方案进行细化，并绘制原型图。在绘制原型图前需要对其中的文案、图片、音效、交互、动效、视频等进行明确。如果H5是纯动画展示，还需要策划出分镜脚本，然后和动画设计人员配合输出方案，如果对动画要求不高，也可以找一些相关的图片进行替代，重要的是清楚阐述想表达的观点。设计人员在策划过程中需要了解动画技术方面的内容，比如场景如何构思展示、技术上能否实现，这样才能够确保后续方案的完成。而原型图正是对这些方案内容的展现，常见的原型图绘制方式有计算机绘制和手绘两种，具体内容将在第3章进行介绍。图1-18所示为两种不同类型原型图效果。

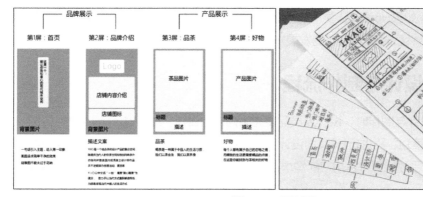

图1-18　原型图

1.3.3 页面设计

完成原型图的绘制后，即可搜集需要使用的素材，并进行H5页面的设计。

1. 搜集素材

素材搜集包括图片、视频和音效的搜集及信息的搜集等。下面对不同素材的搜集方法进行介绍。

- 图片、视频和音效的搜集。在进行H5设计时，设计人员常会将图片、视频和音效素材运用到页面的模块、交互等内容中。图片、视频和音效素材主要通过3种方式进行获取，分别是网上搜集、实物拍摄和录制。网上搜集指在互联网上通过素材网站，搜索需要的图片、视频和音效进行下载。需要注意的是，一些素材网站中很多图片、视频和音效不能直接商用，需购买使用。实物拍摄与录制也是搜集素材的常用方法，企业可根据自身情况对企业场景、文化活动、产品等进行拍摄与录制，为设计人员后期的制作提供主要素材。

- 信息的搜集。这里的信息主要是指企业信息、活动内容、游戏文字等。其中企业信息包括企业的组织结构、企业文化、发展方向等。活动内容则是根据某个活动进行信息的搜集，如需要为端午节制作H5，可搜集有关端午节的习俗、起源、诗句等，便于设计时使用。游戏文字则是针对游戏场景输入的文字内容，该内容既可根据游戏场景进行编辑，也可根据制作游戏时的初衷进行内容的搜集与撰写。在搜集信息的过程中设计人员要保证信息的广泛性、准确性、及时性、系统性等，这样才能使搜集到的信息更符合设计需求。

2. 设计H5页面

完成素材的搜集后，即可进行H5页面的设计。常见的设计方法有模板设计和图像工具设计两种。

- 使用模板设计H5页面。若是使用模板进行H5设计，可在素材搜集完成后选择制作H5的编辑器，在编辑器中选择合适的模板，并将前面搜集到的素材添加到编辑器中，替换模板内容。这样完成后的效果不但内容展现完整，而且美观度有保证，但是也存在制作不合理、不符合企业需求等缺点。如在MAKA官方网站中选择一款符合需求的H5模板，进入编辑区，单击选择需要替换的图片，单击"上传"按钮 ☁，在展开的页面中，单击 上传图片 按钮，将素材上传到下侧的文件夹中，双击图片则可对图片进行替换，而双击模板中的文字则可对文字内容进行修改。除此之外，还可对H5页面进行调整，完成后单击"保存"按钮 🖫，保存图像，如图1-19所示。

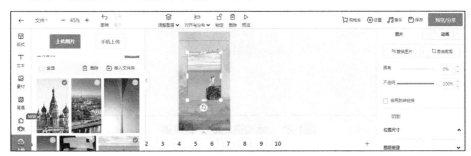

图1-19　使用模板设计H5页面

● 使用图像工具设计H5页面。除了使用模板设计H5页面，设计人员还可使用图像工具进行H5页面的设计与制作。在设计时要注意页面的统一性和内容的连贯性。使用图像工具设计H5页面时多使用Photoshop。在设计时可根据原型图的要求进行页面的绘制，具体方法将在第4章进行介绍。图1-20所示为使用Photoshop制作抢红包H5页面的效果。

图1-20　抢红包H5页面

1.3.4　交互设计

使用模板设计的H5页面，大多已经包含交互效果，而使用图像工具设计的H5页面则只是简单的图像展示。此时需要将图像文件导入H5编辑器，然后进行动画、音效、互动等内容的制作，具体方法将在第5章进行介绍。图1-21所示为在H5编辑器中导入生活家居H5页面后添加进场动画的效果。

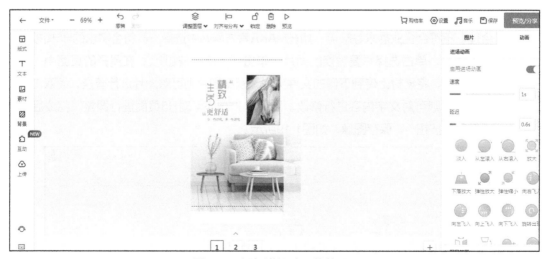

图1-21　添加进场动画的效果

16

1.3.5　H5的生成和发布

完成H5的交互设计后，即可对完成后的效果进行预览，若需要发布到微信或网页中，可在发布页面通过二维码或链接的方式，生成与发布H5。图1-22所示为发布婚纱H5的效果。

图1-22　发布婚纱H5的效果

🏠 1.4　项目实训

经过前面的学习，相信读者对H5的基础知识有了一定的了解，接下来可通过项目实训巩固所学知识。

 项目一▶旅游推广H5页面素材的搜集与制作

⊗ 项目目的

本项目首先搜集旅游推广H5页面的素材，然后在Photoshop中对素材进行整合，并输入文字内容，制作完整的H5页面，再使用MAKA对动效进行交互设计。图1-23所示为旅游推广H5页面的效果。

微课视频

1.4　项目一

图1-23　旅游推广H5页面

⊕ **制作思路**

（1）搜集与旅游推广有关的素材，要求包括拖鞋、蓝天、椰树、沙滩等内容（配套资源：\素材\第1章\旅游推广H5页面素材.jpg）。

（2）启动Photoshop CC 2019，新建640像素×1 240像素的图像文件，然后将符合背景需求的素材拖曳到图像中，调整大小和位置。

（3）在图像编辑区的中间位置输入文字，并设置图层样式，使整个效果更加美观，完成后保存文件（配套资源：\效果\第1章\旅游推广H5页面.psd）。

（4）打开MAKA网站首页，单击 创建作品 按钮，在"翻页H5"栏中单击 空白新建 按钮，然后选择【文件】/【导入PSD文件】命令，将"旅游推广H5页面.psd"图像文件导入编辑区。

（5）选择文字，然后对文字添加"向左飞入"动画，最后单击 预览/分享 按钮，对制作的动效进行预览。

项目二 ▶ 邀请函H5页面素材的搜集与制作

⊕ **项目目的**

本项目首先搜集邀请函H5页面的素材，然后在Photoshop中对素材进行整合，并输入文字内容，制作完整的H5页面，最后使用MAKA进行交互设计。图1-24所示为邀请函H5页面的效果。

微课视频

1.4 项目二

图1-24 邀请函H5页面

⊕ **制作思路**

（1）搜集彩色线条、三角形图块素材（配套资源：\素材\第1章\邀请函素材.psd）。

（2）启动Photoshop CC 2019，新建640像素×1 240像素的图像文件，新建图层，并填充为"#110245"，然后将符合背景需求的素材拖曳到图像中，调整大小和位置。

（3）在图像编辑区的中间位置输入文字，然后设置图层样式，使整个效果更加美观，再栅格化图层，便于后期动画的制作，完成后保存文件（配套资源：\效果\第1章\邀请函.psd）。

（4）打开MAKA网站首页，单击 创建作品 按钮，然后在"翻页H5"栏中单击 空白创建 按钮，再选择【文件】/【导入PSD文件】命令，将"邀请函.psd"图像文件导入编辑区。

（5）选择文字，然后对文字添加"向右滑入"动画，最后单击 预览/分享 按钮，对制作的动效进行预览。

实战演练

先利用Photoshop对端午节图片素材（配套资源：\素材\第1章\端午节素材.psd）进行处理，制作端午节H5页面（配套资源：\效果\第1章\端午节H5页面.psd），然后在MAKA中添加动画效果并进行预览。图1-25所示为参考效果。

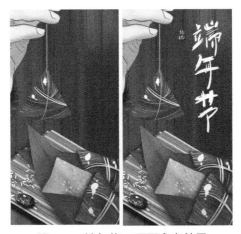

图1-25　端午节H5页面参考效果

Chapter 2

第2章
认识H5的设计规范
和工具

	知识目标	能力目标	情感目标
学习目标	1. 了解H5的设计规范 2. 掌握H5的图像、动效等元素设计工具 3. 掌握H5的设计生成制作工具 4. 掌握H5的创意开发工具 5. 了解H5的辅助设计工具	掌握不同工具的使用方法	1. 增强对设计知识的运用能力 2. 培养对多种工具软件的综合运用能力
实训项目	1. 使用MAKA制作H5活动页面 2. 使用格式工厂将图片由JPG格式转换为PNG格式		

设计人员在进行H5设计时应迎合市场需求并进行规范设计。下面将针对H5的设计规范和相关工具这两方面内容进行介绍。

2.1 H5的设计规范

微课视频

H5的设计规范

设计人员在设计与制作H5之前，需要先了解H5的设计规范。本节将对H5的设计规范进行介绍，包括浏览器的选择、常用设计尺寸、页面的安全区等。

2.1.1 浏览器的选择

H5的许多制作工具都是通过浏览器直接进行操作的，因此选择合适的浏览器十分重要。常用的浏览器有QQ浏览器、Safari浏览器、Chrome浏览器等。下面分别进行介绍。

● QQ浏览器。QQ浏览器是腾讯公司开发的一款浏览器，具有风格简约、架构精巧、稳定易用的特点。QQ浏览器能够为H5提供功能丰富的应用开发API接口、简洁的接入流程、完善的用户身份认证体系等，使整个制作过程更加安全、便利。

● Safari浏览器。Safari浏览器是macOS中的浏览器，该浏览器无论是在Mac、PC还是iPodtouch上都能运行。但是需要注意，使用Safari浏览器制作H5时，常会出现兼容性问题。

● Chrome浏览器。Chrome浏览器是谷歌公司开发的一款开源浏览器，具有稳定性高、安全性高、流畅度高、兼容性强的特点，常用于H5的制作。

2.1.2　H5的常用设计尺寸

　　在进行H5设计时，不同工具软件显示的尺寸会存在区别，如MAKA的全屏尺寸为640像素×1 240像素，iH5的基本尺寸为640像素×1 040像素等。由于H5编辑器都存在自动配置手机型号的能力，因此在设计时需根据所选择的编辑器进行尺寸的设置。图2-1所示为易企秀对PSD文件的尺寸要求。

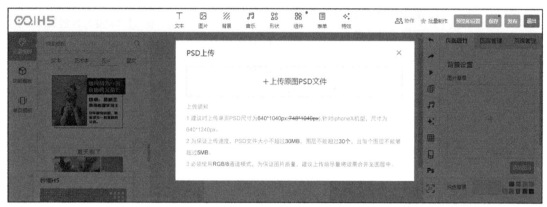

图2-1　易企秀对PSD文件的尺寸要求

　　需要注意的是，H5编辑器虽然能自动配置屏幕尺寸，但在设计时还需要注意背景图的设置，要避免出现黑边、白边、内容错位等情况，这会影响整个页面的美观度。为了避免这些情况，可将重要内容居中显示，并通过生成二维码，在手机端进行预览查看的方法进行测试。

2.1.3　H5页面的安全区

　　页面安全区指整个页面的可视窗口范围，即页面的"版心"，处于页面安全区的内容不受手机上侧圆角和下侧小黑条的影响。图2-2所示的蓝色区域即为H5页面在手机中的安全区。

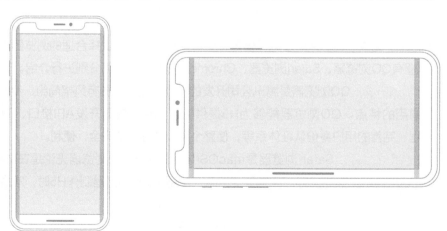

图2-2　H5页面在手机中的安全区

安全区并没有固定的数值，可根据H5的内容进行调整，但设计人员在设计时要有"安全区"这个意识，避免重要元素和内容超出安全区，导致页面显示不全。

🏠 2.2 H5的元素设计工具

在进行H5设计时，常常会使用一些元素设计工具，常用的元素设计工具有Photoshop、Illustrator、After Effects、Audition等。下面分别进行介绍。

H5的元素设计工具

2.2.1 功能强大的设计工具——Photoshop

Photoshop简称"PS"，它是平面设计、建筑装修设计、三维动画制作、网页设计的必备软件之一，具有使用方便、功能强大的特点，可以高效地进行图片处理与制作。

设计人员常使用Photoshop制作H5页面中的视频、音频和简单的动效等内容。图2-3所示为使用Photoshop制作的H5页面效果。

图2-3 使用Photoshop制作的H5页面效果

2.2.2 专业的矢量图绘制工具——Illustrator

Illustrator简称"AI"，它是一款矢量绘画软件，具有矢量动画设计、页面设计、网站制作、位图编辑和网页动画制作等多种功能，适合设计小型项目或大型的复杂项目。Ilustrator被广泛应用于广告设计、商标设计、网页制作、插图绘制、排版输出等诸多领域，深受专业插画师、美工、网页设计人员的喜爱。

在设计H5页面时，设计人员常常使用Illustrator进行矢量图的绘制。使用Illustrator制作的矢量图效果不但颜色美观，而且线条分明。图2-4所示为使用Illustrator制作的H5页面效果。

图2-4　使用Illustrator制作的H5页面效果

2.2.3　酷炫视频特效制作工具——After Effects

　　After Effects简称"AE"，是一款图形视频处理软件，具有视频处理、动画制作、多层剪辑等多种功能。After Effects可以帮助用户高效且精确地创建动态图形和动画特效。此外，结合使用After Effects与其他Adobe软件还可完成2D和3D合成，以及动画的特效制作。

　　在设计H5时，设计人员常常使用After Effects进行酷炫视频特效的制作，使整个H5页面更具动感，更能吸引用户的注意。图2-5所示为使用After Effects制作的H5动态效果。

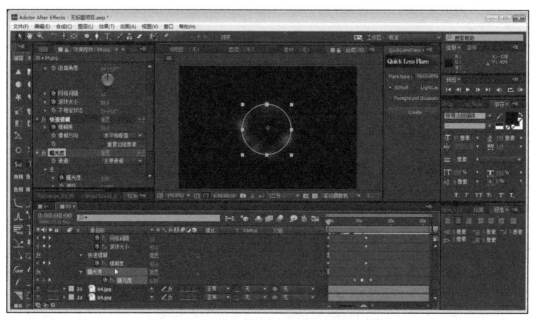

图2-5　使用After Effects制作的H5动态效果

2.2.4　音效设计制作工具——Audition

Audition即Adobe Audition，是多音轨编辑工具，支持128条音轨、多种音频格式和特效，并且可对音频文件进行修改、合并。Audition功能强大，可轻松创建音乐、制作广播短片等。

在设计H5时，设计人员常常使用Audition进行音频的录制、混合、编辑、裁剪、合成等操作，使H5的音效更具独特性。图2-6所示为使用Audition制作的H5音效效果。

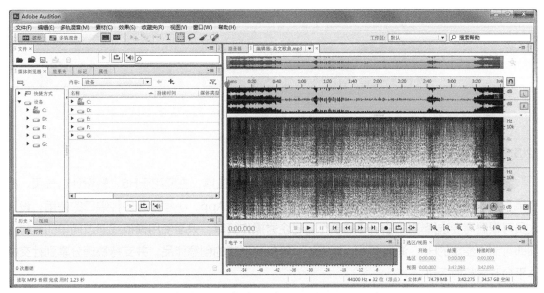

图2-6　使用Audition制作的H5音效效果

2.3　H5的设计生成制作工具

H5的动效设计往往使用设计生成制作工具完成，常见的设计生成制作工具有MAKA、易企秀、兔展、人人秀、初页等。下面分别进行介绍。

2.3.1　定制推广H5制作工具——MAKA

MAKA（码卡）是一款H5在线创作及创意工具，使用该工具可进行形象宣传、活动邀请、产品展示、活动报名等方面的设计。

MAKA的模板商城提供了针对不同行业和场景的模板，同时提供视频、新媒体、电商等不同类型的素材供用户使用。另外，MAKA支持翻页H5、长页H5、手机海报、视频、公众号、微信红包封面、简历、画册、微信朋友圈、社交名片等内容的在线创作功能，用户只需简单拖曳即可完成邀请函、促销广告、活动宣传、招聘招生、节日贺卡等H5的设计。MAKA是本书主要使用的工具，其具体操作将在第5章中进行介绍。图2-7所示为MAKA首页。

图2-7　MAKA首页

2.3.2　企业营销H5制作工具——易企秀

易企秀是一款基于智能内容创意设计的数字化营销工具，主要用于H5、轻设计、长页、易表单、互动、视频等各种内容的在线制作，且支持PC、App、小程序等多种端口的使用，设计人员可根据需要选择端口进行H5的制作。易企秀操作简单，只需使用模板或通过简单的素材添加即可制作酷炫的H5、海报图片、营销长页等各种形式的创意作品，并支持快速分享到社交媒体平台开展营销活动。

易企秀可用于企业活动邀约、品牌宣传、数据搜集、电商促销、人才招聘等多媒体多场景的营销需求。图2-8所示为使用易企秀制作的H5页面。

图2-8　使用易企秀制作的H5页面

2.3.3　快速制作H5工具——兔展

兔展定位普通用户，是微信H5页面、微场景、微页、微杂志、微信邀请函、场景应用的专业制作工具。但是需要注意的是，兔展中只有很少一部分模板是免费的，大部分模板都需要付费购买。此外，兔展还有定制功能，可根据企业需求对展现内容进行定制操作。图2-9所示为兔展首页。

图2-9　兔展首页

2.3.4　微场景H5制作工具——人人秀

人人秀是一款基于H5的微场景制作工具，具有免费、简单易用、发布迅速等特点。设计人员可以通过图片、文字、音乐的形式制作H5页面场景，然后将其分享到社交平台，并能通过后台数据监测、搜索潜在用户或其他反馈信息。人人秀的功能和模板比较单一，适合初学者使用。图2-10所示为人人秀制作页面。

图2-10　人人秀制作页面

2.3.5　照片故事H5制作工具——初页

初页是一款面向个人用户的H5设计工具，其作品可在微信、微博、移动端社交媒体展示与传播。初页常用于邀请函、微信公号欢迎页、电视电影、新品发布海报、团队招聘页等内容的制作。普通用户也可使用初页来制作生活旅行、偶像画报、微杂志、生日贺卡、周年纪念册、喜帖等内容。图2-11所示为初页首页。

图2-11　初页首页

2.4　H5的创意开发工具

创意开发工具是设计生成制作工具的升级，这些工具不仅能套用模板和导入素材进行动效的制作，还能根据设计人员不同的需求进行有针对性的设计。下面介绍一些典型的H5创意开发工具。

2.4.1　专业H5工具——意派Epub360

意派Epub360是一款专业级H5制作工具，该工具除了具有丰富的动画设定、触发器设定功能，还配置了许多强大的交互组件，可满足不同的场景需求。另外，意派Epub360提供手势触发、摇一摇、拖曳交互、碰撞检测、重力感应、关联控制、一镜到底、全景360、画中画、画板涂鸦等功能组件，设计人员可以自由制作H5互动游戏和多种场景宣传，适用于企业设计人员、新媒体运营、市场营销等用户。但需要注意，意派Epub360的很多功能需要开通年度VIP或购买才能使用。图2-12所示为意派Epub360编辑页面。

下面分别对意派Epub360的主要功能和特点进行介绍。

● 动画展示。一个生动的H5页面，应具有一定的动画展示。意派Epub360除了提供基本的动画展示外，还支持路径动画、序列帧动画、组合动画等方式，方便进行动画的制作。

● 触发交互。意派Epub360针对不同模板，提供高自由度的交互设计，如页面触发、组件触发、动画触发、手势及摇一摇触发等交互，增强用户的交互体验。

● 用户互动。意派Epub360支持微信高级接口，支持微信拍照、录音、身份认证等功能，可提升用户的参与感,增加互动性。

- 数据应用。意派Epub360支持参数赋值、交互式表单、评论、投票等功能,让设计人员无须编写代码,即可完成轻游戏及数据应用的H5设计。

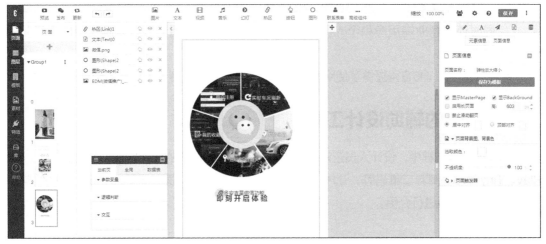

图2-12　意派Epub360编辑页面

2.4.2　在线编辑H5工具——iH5

iH5是一款操作较为复杂的H5制作工具,如果是初学者,则应用难度较大。如果想通过iH5实现较复杂的H5效果,不仅需要熟练的技术,还需要花费较长的时间。虽然应用难度较大,但是iH5具备强大的功能,不仅能制作出复杂的页面逻辑交互、动效、3D等效果,还能通过代码的形式对H5页面的内容和动画进行展示和制作。图2-13所示为iH5编辑页面。

图2-13　iH5编辑页面

iH5与其他工具相比的优势如下。

- 综合性能强。iH5为了迎合当前新媒体发展的需求,增添了绘画、物理引擎、时间轴动画、设备响应、数据库、跨屏互动等新功能，能够帮助设计人员、运营编辑人员等实现H5页面的制作，游戏、网站、交互等的设计。

- 应用领域广泛。iH5具备交互性强、功能丰富、效果多样等特点，无论是日常的宣传推广还是品牌营销、企业HUODONG 宣传、H5制作都能够提供专业的交互设计方案，同时还对企业端用户和个人用户分别设置了不同的使用途径，以满足用户多元化的需求。
- 平台开放。iH5官网提供了使用说明、免费视频教程等内容供用户学习和提升。

🏠 2.5　H5的辅助设计工具

在H5的制作过程中，设计人员还需要掌握一些辅助设计工具的使用方法，如格式工厂、PS Play、TinyPNG、草料二维码等，让H5的制作过程更加顺畅，页面效果更加美观。下面对常用的H5辅助设计工具进行介绍。

2.5.1　音视频压缩工具——格式工厂

在制作H5的过程中，往往会用到音频、视频、图片等素材，而这些素材并不都能直接使用，有时还需要对文件格式进行转换。格式工厂是一款免费的格式转换软件，可以将音频、视频、图片等素材进行格式的转换，以满足设计人员的需求。图2-14所示为格式工厂首页。

图2-14　格式工厂首页

下面对格式工厂可转换为的文件类型进行介绍。

- 音频转换。格式工厂可将所有类型的音频转换为MP3、WMA、FLAC、AAC、MMF、AMR、M4A、M4R、OGG、MP2、WAV等格式。
- 视频转换。格式工厂可将所有类型的视频转换为MP4、3GP、AVI、MKV、WMV、MPG、VOB、FLV、SWF、MOV，新版的格式工厂还支持RMVB、xv等格式。
- 图片转换。格式工厂可将所有类型的图片转换为JPG、PNG、ICO、BMP、GIF、TIF、PCX、TGA等格式。

2.5.2 手机预览设计稿——PS Play

设计人员经常使用Photoshop来完成H5的设计，而完成后PSD文件只能通过Photoshop才能打开，不能直接在手机上进行预览。PS Play是一款通过Wi-Fi网络，能在终端设备上预览、调试、保存PSD文件，并可实现即时分享的跨终端应用。图2-15所示为使用PS Play打开PSD文件进行查看的效果。

图2-15　使用PS Play查看PSD文件

2.5.3 图片压缩工具——TinyPNG

设计人员在选择图片时，有些图片会过大无法使用，此时可先对图片进行压缩，再使用图片。TinyPNG是一款免费的图片压缩工具，具有图片保真率高、文件量小的特点。该工具操作简单，只需单击 按钮，再根据提示进行图片的上传与压缩即可。压缩完成后可直接进行下载、存储操作。图2-16所示为TinyPNG首页。

图2-16　TinyPNG首页

下面对TinyPNG的特点进行介绍。

● 压缩强度高，保真度高。

● 相对于JPG格式的图片，对透明PNG图片的压缩率更高。

● 为开发者提供了API接口，支持多种后端语言。

2.5.4　二维码生成工具——草料二维码

设计人员在进行H5设计时，常常会在其中添加二维码以减少信息沟通成本，提高营销和管理效率。而这些二维码往往需要先生成，再添加到H5页面中。草料二维码是一个二维码在线服务工具，提供二维码生成、美化、印制、统计、管理等服务。图2-17所示为使用草料二维码转换二维码的页面。

图2-17　使用草料二维码转换二维码的页面

下面对草料二维码的功能进行介绍。

- 二维码生成。草料二维码可以制作多种形式的二维码，可在二维码中添加图片、文件、音视频等内容。草料二维码可以一次性生成几千个二维码，生成速度快。
- 二维码内容实时更新。草料二维码通过活码技术，在生成二维码后，可以在二维码图案不变的前提下，更改二维码内容。
- 二维码美化。草料二维码可为二维码添加Logo，更换二维码样式、颜色，添加文字等，使二维码更加美观。
- 二维码记录表单。草料二维码可以生成多种内容的二维码记录单，在其中可添加定位、图片、音视频等信息。用户扫描二维码，可实现信息录入，将表单电子化。
- 二维码解码器。草料二维码有在线解码功能，设计人员上传二维码图片或扫描二维码后，即可解读二维码的内容。
- Chrome插件。草料二维码中的Chrome插件，是专为Chrome的核心浏览器开发的一个二维码应用增强工具插件，该插件能自动将地址栏链接生成二维码。

2.6 项目实训

经过前面的学习，读者对H5的设计规范和工具已有了一定的了解，接下来可通过项目实训巩固所学知识。

项目一▶使用MAKA制作H5活动页面

⊕ 项目目的

运用本单元所学知识，使用MAKA制作H5活动页面。完成后的参考效果如图2-18所示。

微课视频

2.6 项目一

图2-18 使用MAKA制作H5活动页面

⊕ 制作思路

（1）登录MAKA官方网站，进入MAKA首页，在右侧列表中单击"作品管理"超链接即进入创建作品页面，在左侧单击 创建作品 按钮，在右侧的面板中选择"翻页H5"选项，单击 空白创建 按钮。

（2）单击 替换背景 按钮，在打开的面板中选择合适的背景。

（3）打开"素材"面板，单击合适的素材，即可添加素材。

（4）完成后单击顶部的"设置"按钮⊚，打开"分享设置"页面，设置背景音乐，完成后单击 立即使用 按钮。

（5）关闭编辑页面，完成后在页面右上角单击 预览/分享 按钮，即可在打开的对话框中预览H5作品，并将其分享到微信、微博、QQ等社交平台。

 项目二 ▶ 使用格式工厂将图片由JPG格式转换为PNG格式

⊕ 项目目的

运用本单元所学知识，使用格式工厂将图片由JPG格式转换为PNG格式。完成后的参考效果如图2-19所示。

⊕ 制作思路

（1）启动格式工厂，在右侧的面板中选择"PNG"选项。

（2）打开"PNG"页面，单击 添加文件 按钮。

微课视频

2.6　项目二

（3）打开"请选择文件"对话框，在其中选择需要转换格式的图片（配套资源：\素材\第2章\花朵.jpg），单击 打开(O) 按钮，返回"PNG"页面可发现选择的图片已经添加到列表中，单击 确定 按钮。

（4）返回格式工厂首页，单击"开始"按钮▶，即可进行格式的转换。

（5）单击"输出文件夹"按钮，即可查看输出的图片（配套资源：\效果\第2章\花朵.png）。

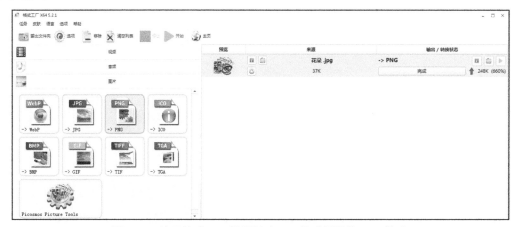

图2-19　使用格式工厂将图片由JPG格式转换为PNG格式

实战演练

（1）使用人人秀中的素材制作H5页面，要求完成后的效果不但美观，而且能动态显示。完成后的参考效果如图2-20所示。

（2）使用格式工厂将"夜景.png"（配套资源：\素材\第2章\夜景.png）转换为TIF格式（配套资源：\效果\第2章\夜景.tif）。

（3）使用草料二维码将"夜景.png"图片生成二维码形式，夜景图片及完成后的参考效果如图2-21所示（配套资源：\效果\第2章\夜景二维码.png）。

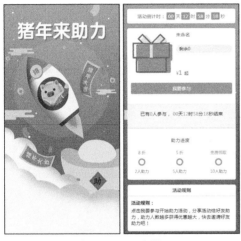

图2-20　使用人人秀制作H5页面　　　　图2-21　使用草料二维码将夜景图片生成为二维码

Chapter 3

第3章
H5页面的设计基础

3.1 H5原型图

3.2 色彩

3.3 版面

	知识目标	能力目标	情感目标
学习目标	1. 了解H5原型图的相关知识 2. 了解H5色彩的相关知识 3. 了解H5版面的相关知识	1. 掌握H5原型图的绘制 2. 会分析"跑步App"H5页面的色彩运用 3. 会分析"2020年度店长总结"H5页面的版面布局	1. 培养手绘兴趣 2. 培养对色彩与版面布局的鉴赏能力
实训项目	1. 音乐H5页面的色彩与版面鉴赏 2. 抽奖H5页面的色彩与版面鉴赏		

学习引导

　　要完成H5页面的制作，设计人员首先需要绘制原型图以确定整个页面的展现效果，然后确定H5页面的色彩搭配，最后对版面进行布局与编辑，这样完成后的效果才更加满足用户的需求。本章将对H5原型图、色彩和版面等相关知识进行介绍。

3.1 H5原型图

微课视频

H5原型图

　　H5原型图不仅能展现H5页面的主体内容，还能表明H5的功能、展现方式、用户述求等为设计人员后期进行H5页面设计打下基础。下面先介绍H5原型图的基础知识，再对H5原型图应具备的要素进行介绍。

3.1.1 H5原型图是什么

　　H5原型图即设计H5前的草稿。设计人员常通过软件或手绘的方式绘制H5原型图。设计人员可针对H5原型图与企业管理者、产品管理者、内容策划者等进行沟通，确保在进行H5设计时能够更加全面地了解设计内容、设计难点和设计周期等情况。

　　图3-1所示为使用Illustrator绘制的H5供茶页面的原型图，从原型图可以看出该H5页面主要分为8屏：第1屏是首页（封面和主副标题的展现），第2屏是品牌介绍（品牌门店介绍），第3屏是品茶（茶饮产品介绍），第4屏是好物（器物产品介绍），第5屏是展览（活动产品介绍），第6屏是媒体（媒体文件介绍），第7屏是地址（门店位置展览、时间和地点介绍），第8屏是邀请（邀请用户来门店体验）。在H5原型图的中间区域可对展现的内容进行描述，设计人员直接添加对应的内容即可，如有交互内容，设计人员也可根据描述进行添加和制作；在H5原型图的下侧，可通过文字对其内容进行说明，方便后期的制作。

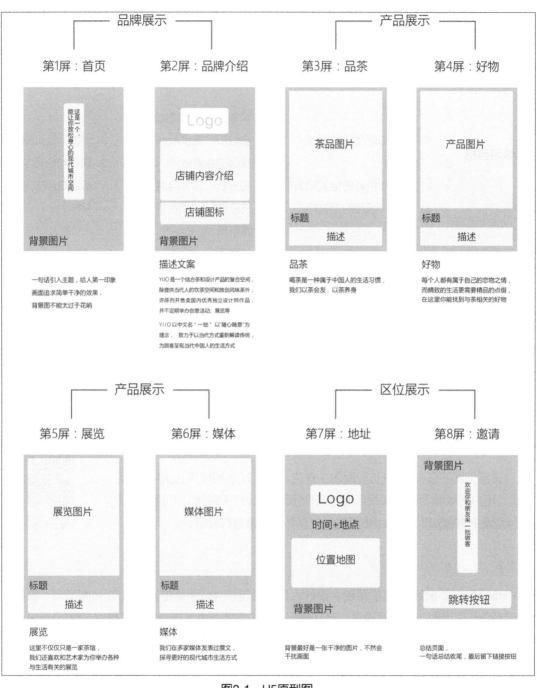

图3-1　H5原型图

H5原型图设计遵循的首要原则：在满足界面基本功能需求的同时，尽可能地让H5原型图更加美观简洁。

3.1.2　H5原型图应具备的要素

H5原型图需要具备清晰的视觉层次、视觉流结构及可实施性等要素，下面分别进行介绍。

- 清晰的视觉层次。H5原型图由线、框、字等元素组合而成。设计人员在绘制H5原型图时，需要做到层次清晰，强化和突出重要元素，弱化次要元素，如可通过颜色、展示面积来区分视觉层次。但需要注意，不要过度简化次要内容，以免增加后期的制作难度。

扩展知识

视觉流介绍

- 视觉流结构。视觉流是指视觉焦点形成的轨迹，而视觉流结构则是指视觉流动的方向。在进行H5原型图设计时，设计人员需要考虑整个页面的逻辑性，利用视觉流结构可以帮助用户快速理解页面的逻辑路径，减少用户的认知成本。

- 可实施性。H5原型图并不是天马行空的遐想，而是需要通过技术实现的页面展现效果，因此H5原型图要具备一定的可实施性，避免预想的效果不能通过技术实现。

3.2　色彩

微课视频

色彩

具有协调性、统一性的色彩效果，能使H5页面看起来更加整洁、美观。下面先讲解色彩的三大要素，然后从色彩的情感和氛围角度讲解色彩的运用方式，最后讲解H5页面的配色方法。

3.2.1　认识色彩的三大要素

人对色彩的感觉不仅由光的物理性质决定，也会受到周围事物的影响。人所能观察到的所有色彩都具有色相、明度和纯度（又称饱和度）3个重要特性，它们是构成色彩的基本要素。下面分别对其进行介绍。

- 色相。色彩是由光的波长决定的，而色相就是指这些不同波长的色彩情况。在各种色彩中，红色的波长最长，紫色的波长最短。红、橙、黄、绿、蓝、紫和处在它们各自之间的红橙、黄橙、黄绿、蓝绿、蓝紫、红紫共计12种较鲜明的色彩组成了12色相环。设计人员在设计时直接通过色相环中的色彩搭配即可制作出色彩艳丽的画面效果。图3-2所示为12色相环及色相在H5页面中的运用。该作品通过红色和蓝色的组合，让背景对比更加鲜明，产品内容更加突出。

- 明度。明度是指色彩的明亮程度，即有色物体由于反射光量的区别而产生色彩的明暗强弱。通俗地讲，同一色彩添加的白色越多则越明亮，添加的黑色越多则越暗。设计人员在设计时，可通过改变色彩的明暗度进行色彩的搭配。图3-3所示为明度对比图和不同明度在H5页面中的运用。该页面以红色为主色，通过明度的不断变化，使内容主次明确，色彩搭配融合。

图3-2　色相效果展现　　　　　　　　　　图3-3　明度效果展现

● 纯度。纯度（也叫饱和度）是指色彩的纯净或鲜艳程度。纯度越高，色彩越鲜艳，视觉冲击力越强。图3-4所示分别为纯度对比图，高纯度和低纯度在H5页面中的运用。其中，高纯度的H5页面以高饱和度的蓝色、黄色、紫色为主色，再搭配高明度的白色，使画面具有非常强烈的视觉冲击力；而低纯度的H5页面蓝色为主色，给人一种沉静、安详的感觉。

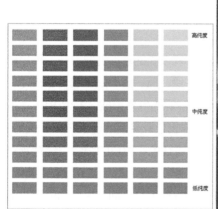

纯度对比图　　　　　　　　高纯度效果　　　　　　　　低纯度效果

图3-4　纯度效果展现

3.2.2 色彩决定情感

根据人脑对色彩的不同感受，可将色彩由暖到冷排列为红、橙、黄、绿、靛、蓝、紫，其中红、橙、黄、绿为暖色调，蓝、靛、紫为冷色调。除此之外，还有黑色和白色的中间色。设计人员需要了解这些色彩的情感才能更好地将色彩运用到H5设计中。

- 红色。红色是热情、喜庆的色彩，能体现积极乐观的精神，给人愤怒、热情、活力的感觉。图3-5所示为主色为红色的H5页面效果。在该H5页面中，红色主要是用作背景，在中间区域添加红色系的矢量人物，并使用白色和黑色的文字进行搭配。整个页面不但美观，而且体现出热情和活力。

图3-5　红色H5页面效果

- 橙色。橙色是暖色系色彩，代表明亮、华丽、健康、兴奋、温暖、欢乐、辉煌。橙色能使人联想到金色的秋天、丰硕的果实，是一种能够让人感受到富足、快乐和幸福的色彩。橙色色感较红色更暖，常在H5促销页面或节气页面中使用。但需要注意，橙色容易造成视觉疲劳，使用时可选择较深或较浅的色彩进行搭配，避免过多显示单一的橙色。图3-6所示为橙色H5页面效果。该页面以橙色的秋日图片为场景，给人一种温暖、幸福的感觉。

- 黄色。黄色是一种代表端庄、典雅、青春的颜色。在纯黄色中混入少量的其他色彩，能产生醒目的效果。在H5页面中黄色常常与红色进行搭配，不但能起到吸引用户注意力的作用，而且能突出主要内容，加深用户印象。图3-7所示为黄色H5页面效果。该页面通过黄色和红色的搭配，让内容更加醒目，并且便于识别。

图3-6　橙色H5页面效果

图3-7　黄色H5页面效果

- 绿色。绿色是一种代表健康的色彩，常用于与健康相关的设计。当绿色和白色搭配使用时，给人以自然清新的感觉；当绿色和红色搭配使用时，给人以鲜明且丰富的感觉。同时，绿色可以适当缓解眼部疲劳，为耐看色之一。图3-8所示为绿色H5页面效果。该页面是一款以绿色为主色的游戏，采用了绿色的球场为场景。通过黄色和绿色的搭配，该页面不但清新自然，而且活力四射。

图3-8　绿色H5页面效果

- 蓝色。高纯度的蓝色会营造出一种整洁、轻快的感觉，低纯度的蓝色会给人一种都市化的现代派感觉。以明亮的蓝色为主，配以白色的背景和灰色的辅助色，可以使H5页面显得干净而简洁。图3-9所示为一款招聘H5页面。该页面以蓝色和蓝绿色为主色，再以黄色和红色进行搭配，能够起到突出重点的作用。

图3-9　蓝色H5页面效果

- 靛色。靛色指介于蓝色和紫色之间的蓝紫色。靛色是色彩中最暗的颜色，常给人一种智慧、理性、创造、贤明的感觉。靛色在H5页面中常被用作背景色。图3-10所示为一款H5长图。该长图的背景为靛色，通过色彩的明度与纯度变化，使背景变得更加丰富，而主体内容则是通过浅色的文字体现，更加鲜明。

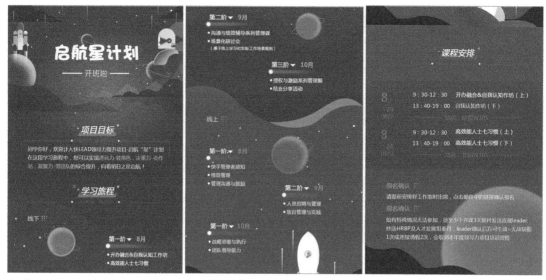

图3-10　靛色H5页面效果

● 紫色。紫色代表神秘、热情、温和、浪漫和端庄。在H5页面设计中紫色与红色搭配显得华丽和谐，与蓝色搭配显得华贵低沉，与绿色搭配显得热情成熟。图3-11所示为紫色H5页面效果。该H5页面背景为紫色，上侧为矢量人物，页面色调和谐、统一。

图3-11　紫色H5页面效果

● 白色。白色被称为全光色，是光明的象征色。纯白色会带给人寒冷、严峻的感觉，所以设计人员在使用纯白色时，都会加入一些其他的色彩，如象牙白、米白、乳白、苹果白等。在H5页面设计中，白色与暖色（红色、黄色等）搭配可以增加华丽的感觉，与冷色（蓝色、紫色等）搭配可以传达清爽、轻快的感觉。图3-12所示为白色H5页面效果。该页面背景色为黑白，对比鲜明、简洁大方，再在其上侧添加彩色的卡通形象，不但主体明确，而且具有轻快感。

图3-12　白色H5页面效果

● 黑色。在H5页面设计中，黑色具有高贵、稳重、科技的感觉，是许多科技类产品的常用色，如电视、摄影机、音箱大多采用黑色。黑色的色彩搭配适应性非常广，大多数色彩与黑色搭配都能产生鲜明、高级、赏心悦目的效果。图3-13所示为一款汽车的H5页面。该页面以黑色为主色，将科技感体现出来，以白色为点缀色，体现文字内容。

图3-13　黑色H5页面效果

3.2.3　色彩决定氛围

色彩不仅能表达情感，还能烘托H5页面的氛围、增添H5页面的活力。设计人员如果对色彩运用得当，就可以直观的视觉方式传达设计主题，烘托页面气氛，形成具有特色的色彩语言。H5页面的氛围可以通过不同的色彩搭配来营造，常用的搭配方式有单色搭配、邻近色搭配、对比色搭配、中间色搭配4种。

- 单色搭配。当确定H5页面的主色后，即可根据主色的明暗度来营造色彩氛围，如高明度的色彩能营造积极、热烈、华丽的氛围；中明度的色彩能营造端庄、高雅、甜蜜的氛围；低明度的色彩能营造神秘、稳定、低调的氛围。通常情况下，明度对比较强时，画面会显得清晰、锐利，不容易出现误差；而当明度对比较弱时，配色效果往往不佳，画面会显得柔和单薄，形象不够明朗。图3-14所示的H5页面，主要通过蓝色的明度对比营造氛围。

- 邻近色搭配。邻近色指在色环上相邻的两种不同的颜色，如绿色和蓝色、红色和黄色等都属于邻近色。通过邻近色的搭配可让整个H5页面的氛围变得舒适、和谐。图3-15所示的H5页面中的红色和黄色就属于邻近色，通过两者的搭配，不但使页面主题明确，而且使氛围和谐统一。

- 对比色搭配。对比色指在12色相环中夹角为120°～180°的两种颜色，如黄和紫、红和绿、绿和蓝等。通过对比色搭配，可以使色彩对比鲜明，页面更具有识别性。图3-16所示的H5页面中的红色和绿色就属于对比色，通过两者的搭配，主题鲜明，氛围和谐。

- 中间色搭配。中间色多指黑白灰3种色彩，这3种色彩合理搭配能使整个页面简洁、美观，更具有时尚感。图3-17所示的H5页面中黑色为主色，白色和灰色为次要颜色，页面彰显质感。

| 图3-14 单色搭配 | 图3-15 邻近色搭配 | 图3-16 对比色搭配 | 图3-17 中间色搭配 |

3.2.4　H5页面的配色方法

H5页面中的色彩主要由主色、辅助色、点缀色组成，其中主色传递主要风格，辅助色补充说明，点缀色强调重点。下面分别进行介绍。

- 主色。主色是H5页面中占用面积最大、最受瞩目的色彩，它决定了整个页面的风格。主色不宜过多，过多容易造成视觉疲劳，一般应控制在1~3种颜色。需要注意，主色不能随意选择，设计人员需要在确定H5原型图的前提下，根据原型图的布局找到用户易于接受的色彩。
- 辅助色。辅助色占用面积略小于主色，是用于烘托主色的色彩。合理应用辅助色调能丰富页面的色彩，使页面更美观、更有吸引力。
- 点缀色。点缀色是指画面中面积小、色彩比较醒目的一种或多种色彩。合理应用点缀色，可以起到画龙点睛的作用，使页面富有变化、主次更加分明。

H5页面中的色彩搭配并不是随心所欲的，而是需要遵循一定的比例与流程的。色彩搭配的黄金比例为"70:25:5"，即主色占总页面的70%，辅助色占25%，而其他点缀色占5%。色彩搭配的流程：首先根据页面的布局选择占用面积大的主色，然后根据主色选择辅助色与点缀色，用于突出页面的重点，平衡视觉效果。图3-18所示为一款中秋节H5页面。该H5页面的主色为深蓝色，辅助色为黄色和白色，点缀色为橘红色和红色，整个色调和谐、美观。图3-19所示为一款投资公司的H5页面。该页面以黑色为主色，红色和白色为辅助色，整个页面简洁明了、表述明确。图3-20所示为一款商业活动H5页面。该H5页面以紫色和红色为主色，白色为辅助色，其他颜色为点缀色，使主题得到了很好的展现。

图3-18　中秋节H5页面　　　图3-19　投资公司H5页面　　　图3-20　商业活动H5页面

对H5页面进行色彩搭配时，还要结合企业或产品的定位、风格，用户的需求等方面进行考虑。另外设计人员平时还可以整理适合自己的配色表格，方便在后续工作中使用。

3.2.5　案例分析　"跑步App"H5页面的色彩分析

本例将对图3-21所示的"跑步App"H5页面进行分析，分析其色彩、氛围和配色方法。

图3-21　"跑步App"H5页面的色彩分析

（1）"跑步App"H5页面中色彩主要以纯色图形组合而成，色彩纯度较高，画面简洁干净，便于识别，同时，页面中不同明度的蓝色背景也使整体色调更加统一、美观。

（2）"跑步App"H5页面的主色为蓝色，给人一种健康、轻快的感觉，更能迎合"跑步"这项运动的定位。

（3）"跑步App"H5页面中的蓝色为冷色，黄色为暖色，对比色的搭配让整个页面的氛围更加轻松。

（4）"跑步App"H5页面主要由4种颜色组成，其中蓝色为主色，奠定了页面的基调；黄色、白色为辅助色，点明的主题内容；而绿色则是点缀色，起到美化H5页面的作用。

3.3　版面

确定了H5页面的色彩后，即可对H5进行版面的策划与布置。设计人员在对版面进行设计前，需要先认识H5的版面类型，学会创建画面焦点，掌握单页面视觉层级、多页面视觉层级的相关内容及版面设计的原则。

微课视频

版面

3.3.1　认识H5版面类型

H5的版面类型主要有5种，分别是直线型版面、斜线型版面、三角型版面、圆型版面、流线型版面等。下面分别进行介绍。

- 直线型版面。直线型版面是最常规的一种版面类型，简单的直线型版面容易打造沉稳且具有质感的页面基调，同时直线型版面可对不同内容进行明确的区分，从而正确引导用户实施交互。直线型版面虽然可以给人严肃、沉稳、高端的感觉，但也会由于不够活泼生动而显得呆板生硬。此时设计人员可根据内容的不同，明确地对内容进行分割，直观地展现内容。图3-22左图所示为采用横线的版面效果，右图所示为采用竖线的版面效果。

- 斜线型版面。斜线型版面指将画面主体物安排在画面的斜对角位置，这样既能有效利用画面对角线的长度，又能使主体物和陪衬物产生直接关系，使画面更具动感，从而吸引用户的视线，达到突出主题的目的。斜线版面配合适当的动效能够在第一时间给用户带来冲击感，倾斜的角度越大冲击感越强。斜线型版面适合在活动、促销、推荐等比较炫酷的场景下使用。同时，斜线容易给人以平面延续的感觉，可以在切换页面时，增强引导性，所以斜线型版面也适用于长页面和多页面同级并列的H5场景。图3-23所示为采用斜线型的版面效果，通过文字的斜线显示，让整个H5页面更有动感。

- 三角型版面。三角形构图能营造视觉平衡感。同时三角形也是尖锐的形状，比较容易传达快速、时尚、刺激等感受。在H5页面中三角形型版面大部分都是字在上图在下或图在上字在下，这样的构图方式能让用户阅读时更为舒服，既有重点又有细节描述。图3-24所示为三角形版面效果。该页面中文字和图像形成了三角形，属于标准的三角型版面效果。

图3-22　直线型版面　　　　图3-23　斜线型版面　　　图3-24　三角型版面

- 圆型版面。圆型版面在手机屏幕上具有视线聚焦的优势，适合主标题、主图和其他关键信息的展示。在H5页面设计中，圆型版面与表述内容结合能起到聚焦、凸显的作用。在构图时可将主要的内容设置在中间的大圆中，其他内容以小圆的方式放射排布在四周，这样不仅能凸显主要内容，还能对其他内容进行显示。另外，圆型版面适合手绘风格、卡通风格的页面设计。图3-25左图所示是将主要文字内容放在中间的大圆中，使信息的传达更加明确，右图所示是将矢量圆形图放于H5页面的中间，使其更具有吸引力。

- 流线型版面。在进行H5页面设计时，对用户视觉移动方向的预设是非常重要的。设计人员在设计H5页面时加入引导用户视线移动的元素，就能使用户观察到更多的H5页面展现内容。通常人视线的轨迹多是从上至下、从左到右，流线型构图即是根据用户视线移动进行构图的一种方式。该版面类型能更好地引导用户阅读和浏览。图3-26所示为两张流线型版面H5页面。页面中从文字到人物以S形的流线型浏览顺序进行显示，让阅读效果更加舒适。

图3-25　圆型版面　　　　　　　　　　　　　图3-26　流线型版面

3.3.2　创建画面焦点

H5页面中的每一张页面都有一个视线点，该视线点即为页面的焦点。该焦点可以是图片也可以是文字。在H5页面中，焦点的视觉面积往往是最大的，其他元素要弱于焦点，只有这样页面才会主次分明、清晰易懂。需要注意，焦点一定要是整个页面的视觉中心，并且要醒目，焦点数量也最好只有一个，便于用户明确重点内容。图3-27所示为鱿鱼H5页面长图。该长图将画面分割为4个部分，每个部分都存在一个画面焦点，每个画面焦点都通过圆形进行体现，不但活泼，而且清晰易懂。

图3-27　鱿鱼H5页面长图

3.3.3 单页面视觉层级

在一个H5页面中，画面焦点是视觉的重心，但是除了画面焦点外，完整的页面还包括其他内容。为了更好地展现页面，可根据页面的主次关系进行层级划分，如画面焦点为第一层级，主要文字介绍为第二层级，次要文字介绍或次要画面展现为第三层级，以此类推。通过不同层级的视觉展现，不但能提升页面的视觉效果，还能区分主次，让页面更直观。图3-28所示为一个抽奖H5页面的的视觉层级，从左往右第1张图为画面焦点，在其中对主要内容进行了展现，该页面即第一层级；第2张图则是在画面焦点的基础上加入了主要文字介绍，但是整个页面内容还是过于单调，该页面即第二层级；第3张图则是对第2张图的补充，丰富了文字内容，该页面即第三层级；第4张图则是对页面的美化，增加页面的美观度，该页面即第四层级。

画面焦点（第一层级）　　主要文字信息（第二层级）　　次要文字信息（第三层级）　　点缀素材（第四层级）

图3-28　抽奖H5页面

3.3.4 多页面视觉层级

单页面视觉层级主要针对单个页面的视觉布局，但是H5页面并不只包含单个页面的内容，它往往是多个页面连续播放。不同的H5页面之间应该既有联系又有区别。常见的多页面视觉层级主要通过以下两种方式实现。

- 采用相同类型的版面。在H5页面中，设计人员可对每个页面都采用相同类型的版面，使整个页面统一，增强完整性。图3-29所示的"我知道你在想什么"H5页面中都采用了相同的粉红色人物头部，只是内部场景存在变化，整个页面统一、和谐。
- 采用相同的元素或颜色。在H5页面中，设计人员可通过相同的元素，如数字、编号、图像等，或采用类似的颜色使整个H5页面具有连续性。图3-30所示的城市H5页面中都采用相同的艺术设计，只是文字和颜色有所不同，使整个页面统一、美观。

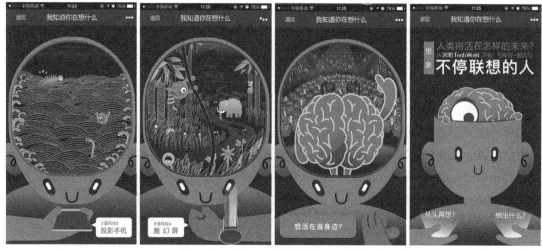

图3-29　"我知道你在想什么"H5页面

图3-30　城市H5页面

3.3.5　版面设计的原则

设计人员在进行H5页面设计时，除了要掌握版面设计的基本方法，还需要掌握版面设计的基本原则。下面对版面设计的四大原则进行介绍。

- 内容的排列次序要合理。当H5页面中展现的内容比较多时，应尽量按照主次进行排序，将常用或用户关注的内容排列在页面前面，将一些不常用的内容放于页面下侧或隐藏。

- 页面要具有整体性。H5页面中的设计元素和内容要有整体性。设计人员在进行H5页面设计时，页面中各元素的布局方式应该和谐、一致，使整个页面的风格统一，更具整体性。

- 设计元素要均衡。H5页面中的文字、形状、色彩等设计元素在视觉上应达到平衡。视觉平衡分为对称平衡和不对称平衡。页面中的各个元素是有"重量"的，如果达到对称平衡，页面则显得宁静稳重；如果要使页面更具趣味性，可以选择不对称平衡。
- 页面长度要适中。在进行H5页面设计时，页面不宜过长，而且每个子界面的长度要适中。页面过长会显得拖沓。因此在设计H5页面时，需要先确定页面内容，再根据内容选择合适的页面长度。

3.3.6 案例分析 分析"2020年度店长总结"H5页面版面布局

本例将对图3-31所示的"2020年度店长总结"H5页面的版面布局进行分析，分析该H5页面中使用了哪种版面类型和构图元素，并其对构图方式和布局方式进行介绍。具体分析如下。

图3-31　"2020年度店长总结"H5页面

（1）在"2020年度店长总结"中，前两张H5页面采用的是直线型版面，将主要内容在一条直线上进行显示，内容清晰、直观。

（2）后两张H5页面采用流线型版面，将文字、图片和二维码采用流线型的浏览顺序进行显示，让整个阅读效果更加舒适。

（3）在构图元素的选择上。"2020年度店长总结"的背景由不同的曲线形的自由面组合而成，给人一种洒脱、随意之感，使整个效果自然美观。

（4）后两张H5页面采用相同构图和布局，只是内部矢量人物和文字存在变化，使整个效果显得统一和谐又富有活力。

（5）从页面的视觉层次上来看，整个H5页面采用相同的颜色，使其具有连续性和统一性。

（6）整从画面焦点来看，个H5页面的焦点明确，第一层级、第二层级展现明显，更具有识别性。

3.4 项目实训

经过前面的学习，读者对H5页面的设计基础有了一定的了解，接下来可通过项目实训巩固所学知识。

项目一 ▶ 音乐H5页面的色彩与版面鉴赏

微课视频

3.4 项目一

⊕ 项目目的

本项目将对图3-32所示的音乐H5页面进行鉴赏，分析该页面中的色彩、版面技巧，并对其展现方式进行阐述。

图3-32 音乐H5页面

⊕ 设计思路

（1）观察该H5页面，可发现整个页面采用手绘风格，样式美观，色彩鲜明。

（2）在色彩的选择上，整个页面均使用了高饱和度的橙色、蓝色和紫色，这些色彩能给人温馨的感觉，具有柔和感和视觉冲击力。

（3）在页面布局上，该H5页面采用直线型版面布局，将歌曲信息以直线的方式进行展示。H5页面的整体结构简洁且方便观看。

（4）该H5页面采用相同元素、颜色和版面作为背景，只是内部场景存在变化，更具有统一性。

项目二 ▶ 抽奖H5页面的色彩与版面鉴赏

微课视频

3.4 项目二

⊕ 项目目的

本项目将对图3-33所示的抽奖H5页面的色彩和版面进行鉴赏，分析该页面中的色彩和版面，并对其设计技巧进行阐述。

H5页面的设计基础

🔅 **设计思路**

（1）抽奖H5页面在版面上采用相同的图片做背景，体现了页面的连贯性。

（2）在色彩的选择上，该H5页面主要由3种主要颜色组成，其中蓝色为主色，奠定了整个页面的基调；红色为辅助色，对主体信息进行展现；黑色、黄色等则为点缀色，起到美化页面效果的目的。

（3）在构图上该H5页面采用竖线构图的方法，将具体内容在同一竖线上进行显示，不但主题明确，而且内容展现清晰。

图3-33　抽奖H5页面

 实战演练

对图3-34所示的草莓音乐节H5页面进行鉴赏，分析其色彩运用与版面布局的特点。

图3-34　草莓音乐节H5页面

55

Chapter 4

第4章
H5页面的素材设计

4.1 H5页面的图片设计

4.2 H5页面的文学设计

4.3 H5页面的音效设计

学习引导

	知识目标	能力目标	情感目标
学习目标	1. 了解H5页面的图片设计相关知识 2. 了解H5页面的文字设计相关知识 3. 了解H5页面的音效设计相关知识	1. 掌握裁剪H5背景图片和调整H5图片色彩的方法 2. 掌握绘制H5矢量人物和优化H5图片效果的方法 3. 掌握制作招聘H5页面文字的方法 4. 掌握使用Audition制作音效的方法	1. 培养自主学习能力 2. 培养H5页面的素材设计能力 3. 培养良好的审美情趣和审美意识
实训项目	1. 制作节气H5页面 2. 制作抢红包H5页面		

　　素材是H5页面中不可或缺的一部分，好的素材能够提升H5页面的美观度，进而提升该页面对用户的吸引力。H5页面常用的素材有图片、文字和音效等。下面先讲解图片的设计，然后对文字和音效进行介绍。

4.1 H5页面的图片设计

　　图片能使H5页面的主题信息展现更加直观，增加H5页面对用户的吸引力。在进行H5页面的图片设计时，设计人员需要先搜集素材，了解H5的图片设计要求，再进行H5页面的设计与制作。

微课视频

H5页面图片素材的获取方法

4.1.1 H5页面图片素材的获取方法

　　图片素材是H5页面最基本的元素，图片素材的运用在很大程度上决定了H5页面的视觉效果。H5页面中常见的图片素材获取方法有网上搜集、自行绘制和拍摄3种。下面分别进行介绍。

- 网上搜集。网上搜集指在互联网上通过素材网站，如千图网、花瓣网、酷5网等，搜索需要的图片素材，并进行下载。设计人员需要注意，素材网站中的有些图片不能直接商用，要注意版权问题。图4-1所示为楼盘H5页面，该页面的图片素材有房屋、天鹅、建筑图、画卷、树木、印章等，这些素材都可通过素材网站获取。
- 自行绘制。除了通过网上搜集获取图片素材外，设计人员还可自己绘制需要的图片素材，使图片素材与设计需求更加契合。图4-2所示为中秋H5页面，该页面的背景、人物、装饰素材都是设计人员自己绘制的矢量图片。矢量图片一般可使用钢笔工具或形状工具进行绘制。

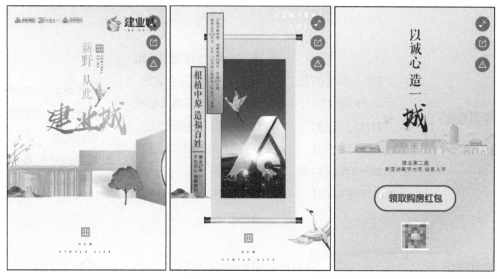

图4-1　楼盘H5页面效果

图4-2　中秋H5页面效果

- 拍摄。拍摄是搜集图片素材的常用方法，设计人员可以对企业场景、文化、产品等进行拍摄，然后将拍摄后的图片作为素材图片来制作H5页面。拍摄的图片素材品质较好，细节清晰，不仅能清晰地展现企业信息，还能根据H5页面的需求进行定制拍摄。图4-3所示为某餐饮企业的招聘H5页面，该页面中的背景素材均为拍摄的拉面实物图。

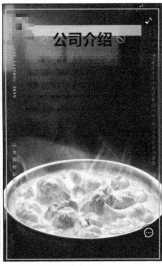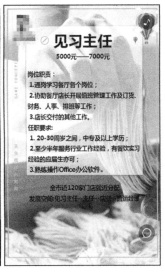

图4-3　某餐饮企业的招聘H5页面

微课视频

4.1.2　H5页面图片的设计原则

在使用素材图片进行H5页面设计之前，设计人员还需了解以下4点图片设计的基本原则。

H5页面图片的设计原则

- 背景素材尽量使用全图。在H5页面中，作为背景使用的图片素材应尽量使用全图填满页面，让H5页面的背景显得饱满、完整。图4-4所示为某场馆的H5页面，该页面以奔跑场景全图做背景，搭配醒目的文字信息，主体明确，页面完整、饱满。

图4-4　某场馆的H5页面

● 细节图片多使用特写。在H5页面中，要表现图片的细节时多使用特写图片，这样会使展现的效果更真实、美观。图4-5所示为某楼盘的H5页面。该页面通过3张不同细节的工匠制作图片体现主题——"匠心"，页面效果不但美观，而且主题明确。

图4-5　某楼盘的H5页面

● 图片色彩的面积比例要合理。合理的色彩面积比例能提升图片的美观度。H5页面中图片的色彩种类不宜过多，且色彩的面积比例要合理。色彩的面积比例决定了整个画面的主次关系，小面积的色彩在大面积的色彩背景烘托下更加易于用户识别。图4-6所示为某餐饮企业的H5页面。该H5页面采用大面积的红色背景，小面积的黄色文字信息在大面积的红色背景衬托下更加易于用户识别。

图4-6　某餐饮企业的H5页面

● 构图要正确，视觉导向要清晰。在设计H5页面时，设计人员要首先保证构图正确，也就是构图要均衡、稳定或个性突出，以增加图片的美观性。在视觉导向上，良好的构图能使页面的视觉导向变得清晰。此外，也可根据用户的阅读习惯，从上到下、从左到右、从大到小、从实到虚地进行视觉的引导，让页面更具有吸引力。图4-7所示为音乐活动的H5页面长图。该页面采用一个板块一节内容的方式对内容进行展现，整个页面构图正确合理，而且每个版块的上侧都有标题，视觉导向也较清晰。

图4-7　音乐活动的H5页面长图

4.1.3　设计案例　裁剪H5页面的背景图片

　　使用相机拍摄的图片尺寸都比较大，不符合H5页面对图片尺寸大小的要求，因此经常需要设计人员对图片的尺寸大小进行调整。本例将使用Photoshop打开"背景图片.jpg"素材文件，对该图片进行裁剪，然后输入文字内容，使H5页面更加美观。具体操作如下。

微课视频

裁剪H5背景图片

　　（1）启动Photoshop CC 2019，打开"背景图片.jpg"素材文件（配套资源：\素材\第4章\背景图片.jpg），如图4-8所示。

　　（2）在工具箱中选择"裁剪工具" ，在工具属性栏中的"选择预设长宽比或裁剪尺寸"下拉列表中选择"宽×高×分辨率"选项，在右侧的文本框中分别输入"640像素""1 240像素""72"，在"分辨率："下拉列表中选择"像素/英寸"选项，如图4-9所示。

　　（3）返回图像编辑区，即可发现图像中已经出现裁剪框，选择裁剪框中间的图片按住鼠标左键不放向右进行拖曳，调整裁剪框位置，如图4-10所示。

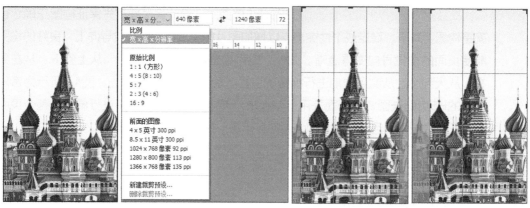

图4-8　打开素材　　　图4-9　设置裁剪的参数　　　　图4-10　调整裁剪位置

（4）确定裁剪区域后，选择"移动工具"，完成裁剪操作，如图4-11所示。

（5）在工具箱中单击"矩形工具"，在工具属性栏中设置"填充"为"#ffffff"，然后在图像的中间区域绘制560像素×900像素的矩形。

（6）再次选择"矩形工具"，在工具属性栏中设置"填充"为"#f5f8e4"，然后在矩形的中间区域绘制525像素×675像素的矩形，如图4-12所示。

（7）选择背景图层，按【Ctrl+J】组合键复制背景图层，并将其移动到矩形图层的上侧，按【Ctrl+Alt+G】组合键，创建剪贴蒙版，如图4-13所示。

图4-11　完成裁剪　　　图4-12　绘制矩形　　　　图4-13　创建剪贴蒙版

（8）打开"背景文字.psd"素材文件（配套资源：\素材\第4章\背景文字.psd），将文字拖曳到图像中，调整大小和位置，如图4-14所示。

（9）选择"横排文字工具"，输入"TRAVEL"文字，在工具属性栏中设置"字体"为"方正超粗黑简体"，"文本颜色"为"#ffffff"，"文本大小"为"115点"，将文本图层移动到复制背景图层的上侧，按【Ctrl+Alt+G】组合键创建剪贴蒙版，如图4-15所示。

（10）选择"横排文字工具" T ，输入图4-16所示文字，在工具属性栏中设置"字体"为"方正静蕾简体"，"文本颜色"为"#696565"，调整文字大小和位置。

（11）选择【文件】/【存储为】命令，打开"存储为"对话框，设置保存位置，然后输入保存名称"旅游H5页面"，单击 确定 按钮，保存图像并查看完成后的效果（配套资源：\效果\第4章\旅游H5页面.psd）。

图4-14　添加文字素材　　　　　图4-15　输入文字　　　　　图4-16　再次输入文字

4.1.4　设计案例　调整H5页面图片色彩

好的图片色彩效果能提高页面的美观度，吸引用户继续浏览。而拍摄的图片素材可能因为环境因素或操作失误存在色彩不合理的问题，此时设计人员需要对图片素材的色彩进行调整。本例将利用Photoshop对拍摄的图片色彩进行调整。通过观察发现该图片色彩偏暗，对比不够强烈，可使用亮度/对比度、曲线、自然饱和度、阴影/高光等命令进行调整，使图片色彩恢复正常。具体操作如下。

微课视频

调整H5图片色彩

（1）启动Photoshop CC 2019，打开"中秋月饼.jpg"素材文件（配套资源：\素材\第4章\中秋月饼.jpg），按【Ctrl+J】组合键复制图层，如图4-17所示。

（2）选择【图像】/【调整】/【亮度/对比度】命令，打开"亮度/对比度"对话框，设置"亮度""对比度"分别为"60""50""单击 确定 按钮，如图4-18所示。

图4-17　打开素材并复制图层

图4-18　调整亮度/对比度

（3）选择【图像】/【调整】/【曲线】命令，打开"曲线"对话框，在中间的调整线的两端单击调整点，分别向上和向下拖曳调整明暗对比度（向下拖曳可调整暗度，向上拖动调整亮度），如图4-19所示。

（4）在"通道"下拉列表中选择"红"选项，在中间的调整线上单击调整点，向上拖曳添加红色亮度，完成后单击 确定 按钮，如图4-20所示。

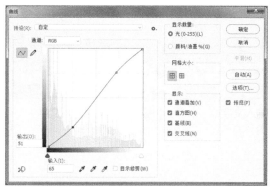

图4-19　调整曲线

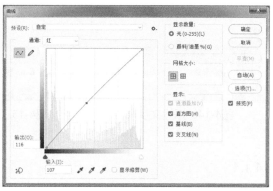

图4-20　调整红色通道曲线

（5）选择【图像】/【调整】/【自然饱和度】命令，打开"自然饱和度"对话框，设置"自然饱和度""饱和度"分别为"+15""+5"，单击 确定 按钮，如图4-21所示。

（6）选择【图像】/【调整】/【阴影/高光】命令，打开"阴影/高光"对话框，设置"阴影""高光"分别为"40""2"，单击 确定 按钮，如图4-22所示。

（7）新建640像素×1 240像素、名为"H5页面内页"的图像文件，将前景色设置为"#f2f0ea"，按【Alt+Delete】组合键填充前景色。

（8）选择"矩形工具" □ ，在工具属性栏中设置"填充"为"#000000"，然后在图像的中间区域绘制440像素×745像素的矩形，如图4-23所示。

（9）切换到"中秋月饼"素材页面中，选择"移动工具" ✛ 将月饼素材图层移动到矩形图

Chapter

H5页面的素材设计

层的上侧，按【Ctrl+Alt+G】组合键，创建剪贴蒙版。

图4-21　设置自然饱和度　　　　　　　图4-22　设置阴影/高光

（10）选择"矩形工具" ，在工具属性栏中取消填充，设置"描边""宽度"分别为 "#f2f0ea""5点"，然后在图像的中间区域绘制365像素×680像素的矩形框，如图4-24所示。

（11）选择"横排文字工具" ，输入图4-25所示文字，在工具属性栏中设置中文字体为 "方正行楷简体"，英文字体为"方正准雅宋简"，"文本颜色"为"#000000"，调整字体大 小和位置。

（12）完成后按【Ctrl+S】组合键，保存图像并查看完成后的效果（配套资源：\效果\第4章\ H5页面内页.psd）。

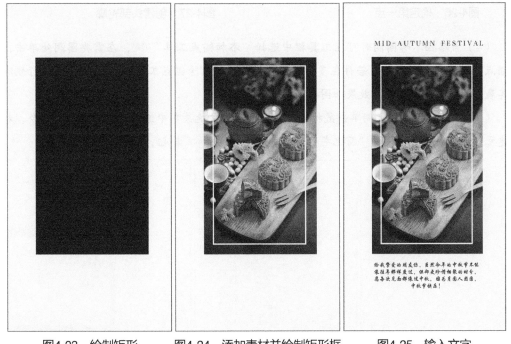

　　图4-23　绘制矩形　　　图4-24　添加素材并绘制矩形框　　　图4-25　输入文字

65

4.1.5　设计案例　绘制H5页面的矢量人物

在H5页面中常常会使用矢量素材营造与美化场景。本例将在
Photoshop中绘制矢量人物。在绘制时先绘制人物的头部轮廓，然后绘
制头部细节和身体部分，最后替换背景。具体操作如下。

微课视频

绘制H5矢量人物

（1）启动Photoshop CC 2019，新建640像素×640像素、名为"矢
量人物"的图像文件。打开"图层"面板，单击"创建新图层"按钮 ，
创建图层。

（2）在工具箱中选择"钢笔工具" ，在图像编辑区中单击，确定所绘路径的起点位置，向
下拖曳并单击确定另一个锚点，然后按住鼠标左键不放，创建平滑点，如图4-26所示。

（3）继续向下单击并拖曳鼠标，创建平滑点，使用相同的方法完成整个头部轮廓的绘制，
如图4-27所示。

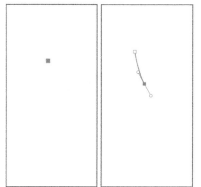
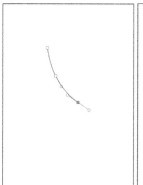

图4-26　确定第一点　　　　　　　　　　　图4-27　创建头部轮廓

（4）当路径不够圆润时可在工具栏中选择"添加锚点工具" ，在需要圆润处单击，添
加锚点并对路径进行调整。若存在多余锚点，可选择"删除锚点工具" ，对锚点进行删除，
使其展现的效果更加圆滑，效果如图4-28所示。

（5）在绘制的路径上侧单击鼠标右键，在弹出的快捷菜单中选择"建立选区"命令，打开
"建立选区"对话框，设置"羽化半径"为"1"，单击 确定 按钮，如图4-29所示。

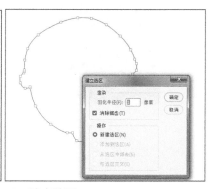

图4-28　调整轮廓　　　　　　　　　　　图4-29　建立选区

（6）将前景色设置为"#f3b58e"，按【Alt+Delete】组合键填充前景色，如图4-30所示。

（7）选择【编辑】/【描边】命令，打开"描边"对话框，设置"宽度""颜色"分别为"1像素""#301918"，单击 确定 按钮，此时可发现轮廓外侧已经进行了描边，效果如图4-31所示。

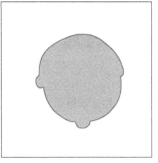

图4-30　填充轮廓　　　　　　　　　　　　　图4-31　描边轮廓

（8）新建图层，选择"钢笔工具" ⫽，绘制脸部中间轮廓并填充为"#fbdabd"颜色，如图4-32所示。

（9）新建图层，选择"钢笔工具" ⫽，绘制头发轮廓并填充为"#512d2e"颜色，如图4-33所示。

（10）使用相同的方法，绘制人物头部的其他部分，并分别填充为"#3c1f1b""#381514""#bb1a21""#ffffff""#981e23""#e84239""#f4a166"颜色，如图4-34所示。

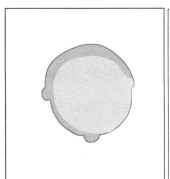

图4-32　绘制脸部中间轮廓　　　图4-33　绘制头发轮廓　　　图4-34　绘制头部其他部分

（11）使用相同的方法，绘制人物衣服部分，并分别填充为"#55332a""#614e4f""#2e0b18"颜色，如图4-35所示。

（12）再次新建图层，绘制人物双手部分，并填充为"#f8d7b3"颜色，如图4-36所示。

（13）使用相同的方法绘制彩带，并填充为"#eee72b""#d9b61a"颜色，如图4-37所示。

（14）新建图层，设置前景色为"#3b2629"，选择"铅笔工具" ✐，在工具属性栏中设置画笔样式为"硬边圆"，画笔大小为"1像素"，然后在衣领和衣袖处绘制衣服缝线，如图4-38所示。

图4-35　绘制衣服部分

图4-36　绘制双手部分

图4-37　绘制彩带

（15）新建图层，设置前景色为"#f4a881"，选择"画笔工具" ✏️，在工具属性栏中设置画笔样式为"柔边圆"，画笔大小为"60像素"，然后在脸颊处绘制腮红，并将图层移动到眼镜的下侧，效果如图4-39所示。

图4-38　绘制衣领和衣袖处缝线

图4-39　绘制腮红

（16）打开"图层"面板，选择绘制的所有图层，单击"链接图层"按钮 ∞，链接图层然后对图像进行保存操作。

（17）打开"吃货节H5页面背景.psd"素材文件（配套资源：\素材\第4章\吃货节H5页面背景.psd），如图4-40所示。

（18）切换到新建的"矢量人物"素材页面，选择"移动工具" ✛ 将矢量人物移动到背景图层的上侧，如图4-41所示。

（19）选择矢量人物的所有图层，将其移动到大碗面图层的下侧，调整图像大小和位置，如图4-42所示。

（20）完成后按【Ctrl+S】组合键，保存图像并查看完成后的效果（配套资源：\效果\第4章\吃货节H5页面.psd）。

图4-40　打开背景素材　　　　图4-41　添加矢量人物　　　　图4-42　查看完成后的效果

4.1.6　设计案例　优化H5页面图片效果

有时拍摄的图片常会出现一些瑕疵，如图片中存在污点、主体与背景主次不清楚等，此时可使用污点修复工具、修补工具、仿制图章工具等对这些问题进行处理。本例将使用Photoshop打开"街拍人物.jpg"素材文件，先去除其中的多余人物，然后对背景内容进行虚化，并合成为一张完整的H5页面。具体操作如下。

微课视频

优化H5页面图片效果

（1）启动Photoshop CC 2019，打开"街拍人物.jpg"素材文件（配套资源：\素材\第4章\街拍人物.jpg），如图4-43所示。从图中可以看出，在模特的后方有多余的人物，整个画面显得有些杂乱。

（2）在工具箱中选择"修补工具" ▣，在工具属性栏中设置"修补"为"内容识别"，在图像编辑区选择后方的黑色衣服人物，按住鼠标左键不放并拖曳鼠标框选该人物，此时框选区域将变为选区，如图4-44所示。

（3）将鼠标指针移至选区内，按住鼠标左键向右拖曳至空白场景，释放鼠标左键后可看见选择的人物区域已修复为鼠标拖曳后目标位置所在的场景，但是其中还是存在瑕疵，如图4-45所示。

（4）选择"仿制图章工具" ▣，在工具属性栏中设置画笔大小为"6"，在瑕疵的右侧，按住【Alt】键后单击鼠标左键进行取样，在瑕疵处进行拖曳，对瑕疵进行覆盖，若拖曳过程中发现瑕疵没有被覆盖，可在不同区域取样再进行覆盖，如图4-46所示。

图4-43　打开素材文件

图4-44　框选人物

图4-45　去除黑色衣服人物

图4-46　去除瑕疵

（5）使用相同的方法，去除右侧玩手机的人物，效果如图4-47所示。注意：修复时要注意海面和路面是否存在需要修复的地方，进行同步修复，否则会出现拖曳后的效果与原图片不匹配的情况。

（6）由于最左侧人物过多，如果单纯使用修补工具单个进行修补将会过于麻烦。此时选择"内容感知移动工具" ，在工具属性栏中设置"模式"为"扩展"，在右侧的空白区域绘制不规则选区，效果如图4-48所示。

图4-47　去除玩手机的人物

图4-48　绘制选区

（7）将选区向左拖曳到右人物中，调整选区的位置，注意要与公路的线重合，否则将不够契合，完成后单击"移动工具"，再按【Ctrl+D】组合键取消选区，效果如图4-49所示。

（8）再次选择"仿制图章工具"，按住【Alt】键在右侧海滩区域单击鼠标左键进行取样，对人物的头部和左侧区域进行拖曳，修补瑕疵区域，效果如图4-50所示。

图4-49　移动选区　　　　　　　　图4-50　修补瑕疵区域

（9）使用相同的方法将其他人物去除，效果如图4-51所示。

（10）按【Ctrl+J】组合键复制图层，选择"套索工具"，沿着人物的轮廓绘制选区，使其框选住人物身形，如图4-52所示。

（11）选择【滤镜】/【锐化】/【USM锐化】命令，打开"USM锐化"对话框，设置"数量""半径""阈值"分别为"49""15""33"，单击 确定 按钮，如图4-53所示。

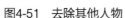

图4-51　去除其他人物　　　　　图4-52　框选人物　　　　　图4-53　USM锐化

（12）按【Shift+Ctrl+I】组合键，反选选区，选择【滤镜】/【模糊】/【高斯模糊】命令，打开"高斯模糊"对话框，设置"半径"为"1.5"，单击 确定 按钮，如图4-54所示。

（13）返回图像编辑区，按【Ctrl+D】组合键取消选区，再选择工具箱中的"减淡工具"，在工具属性栏中设置"画笔大小""范围""曝光度"分别为"120""中间调""50%"，对整个图像进行涂抹，增加亮度，效果如图4-55所示。

图4-54　高斯模糊

图4-55　调整亮度

（14）新建640像素×1 240像素、名为"邂逅三亚H5页面首页"的图像文件，将前景色设置为"#deebfb"，按【Alt+Delete】组合键填充前景色。新建图层，将前景色设置为"#d1deef"，填充前景色，打开"图层"面板，单击"添加图层蒙版"按钮 ，如图4-56所示。

（15）将前景色设置为"#000000"，选择"画笔工具" ，在工具属性栏的"画笔预设"下拉列表中选择"干介质画笔"选项，然后选择"KYLE额外厚实炭笔（画笔工具）"选项，设置大小为"174像素"，对背景进行涂抹，效果如图4-57所示。

（16）切换到"街拍人物"素材页面，选择"移动工具" 将街拍人物移动到图层蒙版图层的上侧，调整大小和位置，如图4-58所示。

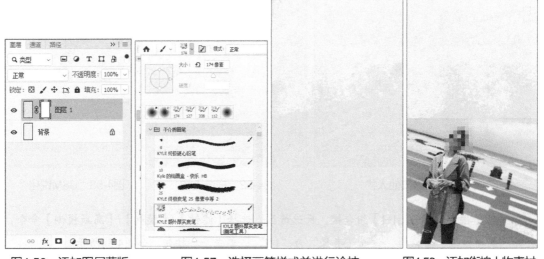

图4-56　添加图层蒙版　　　图4-57　选择画笔样式并进行涂抹　　　图4-58　添加街拍人物素材

（17）打开"图层"面板，单击"添加图层蒙版"按钮 。将前景色设置为"#000000"，选择"画笔工具" ，保持默认设置不变，对人物进行涂抹，效果如图4-59所示。

（18）打开"邂逅三亚H5页面文字.psd"素材文件（配套资源：\素材\第4章\邂逅三亚H5页面文字.psd），将文字拖曳到图像上侧，调整大小和位置，效果如图4-60所示。

（19）选择"矩形工具"，在工具属性栏中取消填充，设置"描边""宽度"分别为"#ffffff""10点"，然后在图像的中间区域绘制540像素×1 170像素的矩形框，效果如图4-61所示。

（20）完成后按【Ctrl+S】组合键，保存文件并查看完成后的效果（配套资源：\效果\第4章\邂逅三亚H5页面首页.psd）。

图4-59　添加图层蒙版　　　　　图4-60　添加文字　　　　　图4-61　绘制矩形框

4.2 H5页面的文字设计

除了图片，文字也是决定H5页面效果的重要因素。好的文字设计不仅能使H5页面的内容表述得更加清楚，还能提升页面的美观度。下面将先介绍H5页面中的文字及字体，再对标题设计技巧和正文设计技巧进行介绍，最后通过案例讲解文字的设计方法。

4.2.1 认识H5页面中的文字及字体

文字是H5页面设计中不可或缺的一部分，是决定设计效果的关键。文字可以用于对活动推广、品牌宣传、产品促销、报告总结等信息进行说明和指引。不同的文字字体在页面中渲染的氛围不同，通过对文字合理的设计和排版，可以让信息展现得更加精准。图4-62所示为一则招聘H5页面。该H5页面主要将内容分为6个部分：第1个页面主要是招聘的封面，该封面通过

H5页面创意设计（全彩慕课版）

"招聘"文字提升视觉冲击力，起到点题的作用；第2个页面则是对企业的介绍，该介绍文字的字体是"宋体"，文字表述简单，更具有说明性；第3~6个页面则是对招聘信息的具体阐述，该阐述主要通过文字大小、文字颜色的对比来展现页面内容，使用户能分清楚内容主次。

图4-62　招聘H5页面

字体的选择应根据H5的类型和主题来决定。下面对常用字体进行介绍。

- 黑体。黑体又称方体或等线体，没有衬线装饰，字形端庄，笔画横平竖直，笔迹粗细几乎完全一致。黑体商业气息浓厚，其"粗"的特点能够满足用户对文字"大"的要求，常表现阳刚、气势、端正等含义。常用黑体有微软雅黑、方正黑体简体、方正大黑简体等。图4-63所示的"珍爱生活 保护地球"文字采用了黑体字体。

74

- 宋体。宋体是比较传统的字体，其字形较方正、纤细，结构严谨，笔画横平竖直，末尾有装饰，整体给人一种秀气端庄的感觉，在保持极强笔画韵律性的同时，能够给用户一种舒适醒目的感觉。宋体类的字体有很多，如华文系列宋体、方正雅宋系列宋体、汉仪系列宋体等。图4-64所示的"心动时刻"文字采用了宋体字体。

- 楷体。楷体是汉字字体中的一种，从隶书演变而来，是现行的汉字手写正体字之一，具有既起收有序、笔笔分明、坚实有力，又停而不断、直而不僵、弯而不弱、流畅自然的特点。图4-65所示的"互联网峰会"文字采用了楷体字体。

- 书法体。书法体指具有书法风格的字体，主要包括隶书、行书、草书、篆书和楷书等类型的字体。书法体具有较强的文化底蕴，字形自由多变、顿挫有力，力量中掺杂着文化气息，常用于表现古典文化、意境的感觉。图4-66所示的"百里芳华"文字采用了书法体字体。

图4-63　黑体　　　　　图4-64　宋体　　　　　图4-65　楷体　　　　　图4-66　书法体

- 艺术体。艺术体指一些非常规的特殊印刷字体，一般是为美化版面。其笔画和结构大都进行了一些形象化，常用于H5页面的首页制作或内页的标题部分，可提升艺术品位。常用的艺术体包括娃娃体、新蒂小丸子体、金梅体、汉鼎、文鼎等，如图4-67所示。

- 手写体。手写体是一种使用硬笔或者软笔纯手工写出的文字，这种手写体文字大小不一、形态各异，更具有美观性，如方正静蕾简体、叶根友字体、Kensington、Connoisseurs Typeface、Befindisa Script Font等，如图4-68所示。

- 衬线字体。衬线字体容易识别，它强调每个字母笔画的开始和结束，因此易读性比较高。在整文阅读的情况下，适合使用衬线字体进行排版，易于换行阅读的识别性，避免发生行间的阅读错误，如Didot、Bodoni、Century、Computer Modern等，如图4-69所示。

● 无衬线体。无衬线体指西文中没有衬线的字体，与汉字字体中的黑体相对应。与衬线字体相反，该类字体通常是机械的和统一线条的，它们往往拥有相同的曲率、笔直的线条和锐利的转角，如Adobe Jenson、Janson、Garamond等字体均属于无衬线体，如图4-70所示。

图4-67　艺术体　　　　　图4-68　手写体　　　　　图4-69　衬线体　　　　　图4-70　无衬线体

4.2.2　H5页面标题文字的设计技巧

标题文字是整个H5页面中最重要的信息展现点，在页面中充当视觉焦点。因此掌握标题文字的设计技巧十分重要。下面分别进行介绍。

● 标题文字要有识别性。在H5页面设计中，标题文字是影响用户阅读体验的关键因素。因此，如何让标题文字易于识别，是设计人员需要重点考虑的问题。在标题文字组词的选择上，尽量使用用户熟悉的词汇与搭配方式，这样不仅可以避免用户过多地去思考其含义，还能防止标题文字产生歧义。在对标题文字进行设计时，应避免使用不常见的字体，因为这些缺乏识别性的字体可能会让用户难以理解其中的文字信息。图4-71所示为毕业季H5页面，该页面的文字词组"散场"虽然体现了离别，但是跟毕业季并没有直接的联系，不能很好的表明主题；而直接选用"毕业"文字词组，不但直接表明主题，而且表述明确。在字体的选择上，选择楷体作为标题文字，不但美观而且便于识别。

● 标题文字不宜过多。标题是H5页面文字的第一视觉点，醒目的标题能吸引用户注意，使用户了解H5页面的内容。如果标题文字的字数过多，不仅排版困难，而且文字的识别性也将减弱。一般主标题字数应在4~8个字，副标题文字的字数应不超过6个字，太少不能表现标题内容，太多则会显得不够美观。图4-72所示为一款结婚请帖的H5页面，左图中主要将结婚名字展现到中间区域，但由于内容过多，造成内容繁杂、文字识别性弱；而右图主要将"结婚请帖"文字放大，表明请帖内容，更具有美观性和识别性。

<table>
<tr><td>图4-71　识别性对比</td><td>图4-72　文字要有层次</td></tr>
</table>

- 标题文字要有美观性。在对标题文字进行设计时，标题文字还要具有美观性，如可对文字进行加粗、变细、拉长、压扁等处理，从而使文字的效果更加丰富、美观；也可通过添加素材，提升页面的整体美观度。图4-73所示的页面，左侧页面文字通过叠加处理增加了页面的设计感，效果更具美观性；右侧页面文字通过倾斜变形提升了页面的趣味效果。

- 标题文字要与背景区分。在复杂的H5页面背景中添加较复杂的标题会使整个页面显得过于凌乱。此时，需要将标题文字和背景区分，使整个页面主次分明。图4-74所示的页面，左侧页面为了区分文字和背景，在标题文字的设计上以白为主色，使文字内容更加鲜明，并为文字添加蓝色阴影，使背景与文字有一定的联系；右侧页面则在背景上绘制不同色彩的形状，将文字放在形状上，使文字与背景区分开来。

图4-73　标题文字的美化　　　　　　图4-74　区分背景

4.2.3　H5页面正文文字的设计技巧

在H5页面中标题文字多展现重要内容，而正文文字则是对具体内容进行阐述。下面将对正文的文字设计技巧进行介绍。

微课视频

- 控制正文文字的信息量。设计人员在编辑正文文字时，需要控制正文文字的信息量，避免在同一个页面中展现过多内容，不便于用户查看。其解决方法：将正文文字内容分多个页面进行展现，或对文字内容进行精炼，缩减文字内容，抑或通过外部链接、二维码、网址等形式进行展示，以便用户查看。

H5页面正文文字的设计技巧

- 确定正文文字的字号、颜色和字体。正文文字最好使用同一字号，其字号大小应在14~20px范围内，因为文字过小不便于查看，过大则会使页面效果不够美观。正文文字文字的颜色最好使用黑、白、灰，这些颜色没有色相，更便于与背景搭配，避免出现文字颜色过于杂乱的情况。正文文字的字体应该少用较复杂的字体，避免出现字体不易识别的情况，建议使用微软雅黑、思源黑体、兰亭黑体等字体，也可根据页面背景和素材选择与之匹配的文字字体，这样完成后的效果不但美观，而且切合页面主题。
- 确定对齐方式和间距。正文文字的对齐常采用两端对齐、居中对齐、左对齐、右对齐等方式，不同H5页面需要根据其页面的布局方式进行选择。通常正文文字字数应该控制在28个字以内，其文字间距应该为字号大小的1.5~2倍，这样完成后的文字排版效果才更加美观，更加便于识别。
- 添加文字装饰。文字装饰是指根据页面内容的主题，对输入的正文内容进行装饰，使其更加美观。在添加装饰时需要注意装饰内容不要覆盖文字，否则会造成页面效果失衡。

4.2.4 设计案例 制作招聘H5页面文字

微课视频

本例将使用Photoshop制作招聘H5页面文字，要求在展现H5页面信息的同时，通过文字的大小变换、上下错位等编排方式，构建多角度的视觉效果，使H5页面的布局更加合理。具体操作如下。

制作招聘H5页面文字

（1）启动Photoshop CC 2019，打开"中秋招聘H5页面背景.psd"素材文件（配套资源：\素材\第4章\中秋招聘H5页面背景.psd），如图4-75所示。

（2）打开"中秋招聘H5页面Logo.psd"素材文件（配套资源：\素材\第4章\中秋招聘H5页面Logo.psd），将其中的Logo拖曳到图像左侧，如图4-76所示。

（3）在工具箱中选择"钢笔工具" 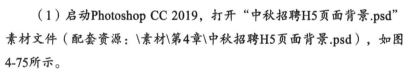，在Logo的左上侧单击以创建锚点，在右下侧单击并按住鼠标左键拖曳控制柄，沿着文本上弧线轮廓创建一段路径，如图4-77所示。

（4）在工具箱中选择"横排文字工具" T.，打开"字符"面板，设置"字体""字体大小""行距""字距""颜色"分别为"方正黄草简体""25点""27点""150""#c6a954"，然后单击"仿粗体"按钮 T，如图4-78所示。

（5）将鼠标指针移至路径上，单击以定位文本插入点，输入"墨韵文化传媒有限公司"文本，此时可发现文字已经在路径上显示，如图4-79所示。

图4-75　打开背景素材

图4-76　添加Logo

图4-77　绘制路径

图4-78　设置字符参数

图4-79　输入文字

（6）在工具箱中选择"矩形工具" ，在图像的右侧绘制颜色为"#ffffff"、大小为320像素×1 240像素的矩形，并设置不透明度为"10%"，如图4-80所示。

（7）在工具箱中选择"直排文字工具" ，在工具属性栏设置"字体""文本颜色"分别为"方正黄草_GBK""#c6a954"，在右侧输入"中秋招聘"文字，如图4-81所示。

（8）选择"秋"图层，按【Ctrl+J】组合键复制图层，并将底部"秋"图层的文本颜色修改为"#f7f7f7"，然后将该图层位置与上侧图层错开，形成投影效果，效果如图4-82所示。

（9）双击黄色"秋"文字所在图层，打开"图层样式"对话框，单击选中"斜面和浮雕"复选框，设置"大小""软化""高度""高光模式不透明度""阴影模式不透明度"分别为"13""6""30""43""46"，如图4-83所示。

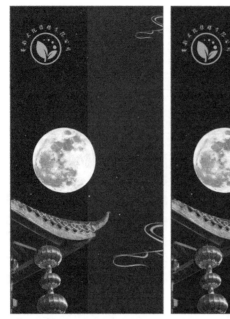

图4-80　绘制矩形　　　　　　图4-81　输入文字　　　　　图4-82　复制"秋"文字

（10）单击选中"内发光"复选框，设置"不透明度""杂色""颜色""阻塞""大小""范围""抖动"分别为"100""0""#ffffff""15""2""1""0"，单击 确定 按钮，如图4-84所示。

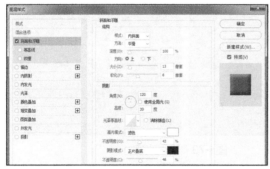

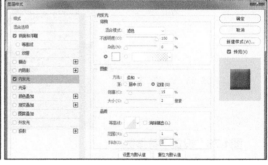

图4-83　设置斜面和浮雕参数　　　　　　　　图4-84　设置内发光参数

（11）在工具箱中选择"直排文字工具" IT.，在工具属性栏设置"字体""文本颜色"分别为"方正行楷简体""#c6a954"，在右侧输入"在这中秋佳节之际　墨韵文化传媒有限公司祝大家过节快乐"文字，调整字体大小和位置，如图4-85所示。

（12）在工具箱中选择"直线工具" ∕.，在文字的左右两侧绘制竖线，并设置"填充"为"#c6a954"，如图4-86所示。

（13）选择"横排文字工具" T.，输入图4-87所示文字，在工具属性栏中设置"字体"为"方正行楷简体"，"文本颜色"为"#ffffff"，调整文字大小和位置，完成后的效果如图4-87所示。

（14）按【Ctrl+S】组合键，保存文件（配套资源：\效果\第4章\中秋招聘H5页面.psd），完成本例的制作。

图4-85　输入文字　　　　　图4-86　绘制竖线　　　　　图4-87　完成后的效果

4.2.5　设计案例　制作招聘H5页面长图文字

本例将使用Photoshop来制作招聘H5页面长图，要求完成后的效果主体内容明确，内容展现清晰。具体操作如下。

（1）启动Photoshop CC 2019，打开"H5招聘长图背景.psd"素材文件（配套资源：\素材\第4章\H5招聘长图背景.psd），再打开"H5招聘长图页面素材.psd"素材文件（配套资源：\素材\第4章\H5招聘长图页面素材.psd），将其中的文字素材拖曳到背景图像上侧。

（2）选择"横排文字工具" T.，输入"我们等你来战"文字，在工具属性栏中设置"字体"为"方正粗宋简体"，"文本颜色"为"#209be2"，调整文字大小和位置，如图4-88所示。

（3）单击"创建文字变形"按钮 工，打开"变形文字"对话框，在"样式"下拉列表中选择"下弧"选项，然后设置"弯曲""水平扭曲""垂直扭曲"分别为"-1""-70""+1"，单击 确定 按钮，如图4-89所示。

（4）按【Ctrl+T】组合键，使文字呈变形状态，拖曳文字四周的旋转点旋转文字，使用相同的方法输入"共同创造未来精彩"文字，并进行变形操作，效果如图4-90所示。

（5）选择"横排文字工具" T.，输入"周末双休"文字，打开"字符"面板，设置"字体""字体大小""行距""颜色"分别为"思源黑体 CN""27点""33点""#03418d"，

81

如图4-91所示。

（6）使用相同的方法输入其他文字，效果如图4-92所示。

图4-88　输入文字

图4-89　设置变形文字

图4-90　完成后的效果

图4-91　输入"周末双休"文字

图4-92　输入其他文字

（7）选择"横排文字工具"　，在公司简介文字下侧单击鼠标左键并向下拖曳绘制文本框，如图4-93所示。

（8）在文本框中输入图4-94所示文字，并设置"字体"为"思源黑体 CN"，调整字体大小和位置，如图4-95所示。

（9）打开"段落"面板，单击"最后一行左对齐"按钮　，调整文字对齐方式，然后设置"左缩进""右缩进""首行缩进"分别为"10点""10点""30点"，效果如图4-96所示。

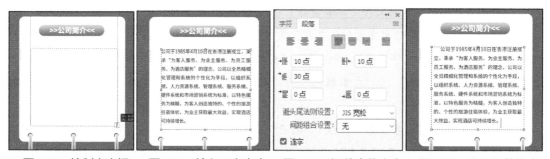
图4-93　绘制文本框　　图4-94　输入正文文字　　图4-95　调整字体大小　　图4-96　设置段落样式

（10）选择"横排文字工具"　，在"平面设计师"文字下侧单击鼠标左键并向下拖曳绘制文本框，如图4-97所示。

（11）在文本框中输入图4-98所示的文字，并设置"字体"为"思源黑体 CN"，调整字体大小和位置。

（12）选择"职位描述："""职位要求："文字，更改文本颜色为"#246cae"，并调整文字大小为"30点"，打开"字符"面板，单击"仿粗体"按钮 T，加粗文字。

（13）选择"职位要求"栏下侧的所有文字，更改文本颜色为"#174556"，然后单击"仿粗体"按钮 T，如图4-99所示。

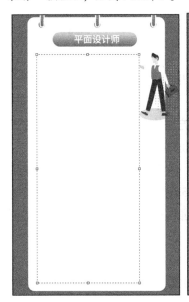

图4-97　绘制文本框

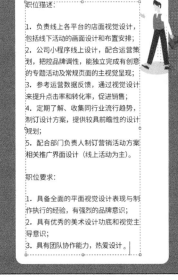

图4-98　输入正文文字

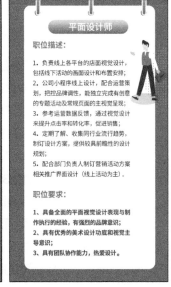

图4-99　设置文字样式

（14）打开"H5招聘长图页面素材.psd"素材文件（配套资源：\素材\第4章\H5招聘长图页面素材.psd），将其中的二维码素材拖曳到已添加文字的长图上侧，按【Ctrl+S】组合键，保存文件（配套资源：\效果\第4章\H5招聘长图.psd），完成本例的制作，效果如图4-100所示。

图4-100　完成后的效果

4.3 H5页面的音效设计

"未见其人，先闻其声"，音效对H5页面的重要性不言而喻。下面先介绍音效设计的重要性，再对音效素材的获取和音效的设计要点进行介绍，最后通过案例讲解音效的设计与制作方法。

微课视频

H5页面中音效设计的重要性

4.3.1 H5页面中音效设计的重要性

音效是H5页面中不可或缺的一部分，好的音效能提高用户的体验感。音效设计的重要性主要体现在以下3点。

- 渲染H5场景氛围。不同类型H5页面的场景要求和制作方法均不相同，针对不同类型的H5页面，设计人员可在其中添加与之对应的音效，从而渲染场景氛围。
- 强化H5场景的沉浸感。若H5页面要求带有虚实效果、环境渲染、场景营造等特殊效果，设计人员可通过3D音效、节奏音效的添加，强化H5场景的沉浸感。
- 增强故事性。H5页面不单单只是页面的呈现，常常会通过故事的形式进行展现，此时设计人员可在H5页面添加旁白或是带有节奏感的音效，以增强整个H5页面的故事性。在设计H5页面音效时，需要注意以下两个方面内容。
- 音画同步。音画同步指音效和页面是同步的。在音画同步的H5页面中，音效能加强H5页面的真实感，使H5页面具有可见性。在H5页面中，若要实现音画同步需要先确定H5页面的内容，然后根据内容制作音效。
- 音画对位。"对位"原是音乐术语，指音乐作品中若干相对独立的旋律结合为一首完整的歌曲。在H5页面的音画对位则是指音效和页面在各自独立的基础上结合起来，使其形成一个完整的整体。在H5页面中实现音画对位需要声音符合H5页面效果，否则将显得不伦不类。

高手点拨

在音效设计中，设计人员还应该注意音画错位和音画并行的问题。音画错位指H5页面中的音效和页面不具备一致性，包括动画、页面交互和页面情感表达的不一致。音画并行指H5页面中的音效和页面不具有密切的联系，处于某种相对疏离的状态。音画错位和音画并行并不是绝对不允许的，在某些特殊的页面中，可用来表达特殊的情感或效果，此时音效和画面不局限于动画、页面交互和页面情感表达上的简单联系，而是通过各自的页面效果达到深层联系，从而表现H5页面的深层意蕴。

4.3.2 H5页面音效素材的获取方法

在H5页面中，一个合适的音效能很好地营造氛围，突出主题。下面对H5页面音效素材的获取方法进行介绍。

- 使用音乐网站获取音效。目前较为权威的音乐门户网站有虾米音乐、QQ音乐、酷我音乐、网易云音乐等。这些门户网站具有品类全、内容丰富、搜索方便等特点，在其中能方便、快捷地找到与H5页面对应的音效，并且可先试听后下载，图4-101所示为酷我音乐的歌曲分类，通过分类可查找到需要的音乐，但需要注意有些音乐需要先注册会员或付费下载，而且下载的音乐也并非全都能够商用，要注意版权问题。

图4-101　酷我音乐

- 使用免费音效素材网站获取音效。除了音乐网站外，还有许多免费音效素材网站可以获取音效。这些素材网站虽然规模较小，但是素材资源庞大，特别是很多辅助音效可以直接使用。如喇叭音、敲打声、雨滴声等。用户都可以通过免费音效素材网站下载音效。
- 录制音效素材。一些特殊的音效需要根据H5页面效果进行录制，如企业年会使用的企业介绍旁白等。录制的音效不能直接使用，需要先在音乐编辑器中对音效内容进行编辑，如裁剪、添加辅助音效等。完成后的效果更能符合H5页面的要求。

4.3.3　H5页面音效的选择与添加的注意事项

设计人员在获取音效素材后，就要进行音效的选择与添加。下面对音效的选择与添加的注意事项进行介绍。

- 符合H5页面主题和内容。音效需要符合H5页面的主题和内容，设计人员在选择与添加音效时，可先预览完成后的H5页面效果，然后根据页面的表现方式，进行音效的选择，并将其添加到页面的对应位置。
- 尽量少用歌曲作为音效。H5页面中的音效应尽量少用歌曲，因为一首完整的歌曲往往体现作曲人自己的思路和复杂性。若是直接将带有歌词和人声的歌曲作为H5页面的音效使用，可能会打乱H5页面的节奏，影响用户的体验感，从而导致H5页面的展现效果与音效不够融合。因此，建议设计人员在选择H5页面的音效多使用辅助音效，如烘托气氛的伴奏、气氛塑造类的声效、环境音效等。

● 音效的时间长度要适中。一首完整的音效时间通常为3~4分钟，且节奏也会有层次变化。而H5页面一般会有一个固定的节奏，如果直接使用时间较长的音效，可能会导致H5页面与音效的节奏不够融合，使最终展示效果显得突兀。为了让H5页面与音效氛围保持一致，可只截取符合H5页面效果的部分音效，且建议其时间长度控制在30秒左右。

● 适当加入过渡音效效果。当音效和H5页面的整体氛围不一致时，可在音效开始和结束时添加"淡入"和"淡出"效果，使音效效果过渡平滑、舒适和自然。

4.3.4 设计案例 使用Audition制作音效

微课视频

使用Audition制作音效

Audition是一款多音轨编辑工具，支持128 条音轨、多种音频格式和特效，可以很方便地对音频文件进行修改、合并等操作。本例将利用Audition CS6制作音效效果。具体操作如下。

（1）启动Audition CS6，单击界面左上角的 [多轨混音] 按钮，打开"新建多轨混音"对话框，设置"混音项目名称"为"H5配音"，然后设置文件夹位置并单击 [确定] 按钮，新建多轨混音，如图4-102所示。

（2）选择【多轨混音】/【插入文件】命令，打开"导入文件"对话框，在其中选择需要导入的音频（配套资源：\素材\第4章\音频1.mp3），单击 [打开(O)] 按钮，如图4-103所示。

图4-102　新建多轨混音　　　　　　　　图4-103　导入音频文件

（3）稍等片刻，可发现音频已经导添加到编辑面板中，单击空格键即可播放音效，播放光标也会随着播放而移动。将鼠标指针移动到需要裁减的区域，单击"选择素材剃刀工具"按钮，在参考线处单击，确定裁减区域，如图4-104所示。

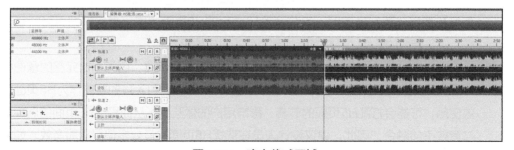

图4-104　确定裁减区域

（4）按【Delete】键删除需裁减区域，如图4-105所示。

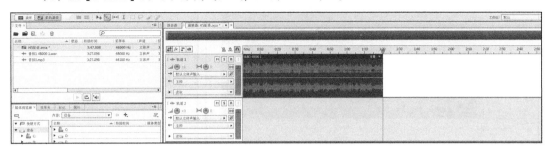

图4-105　删除需裁减区域

（5）将鼠标指针移动到音频中间的实线上，向上拖曳确定调整中线，然后在线段的左右两侧单击，确定淡入和淡出的调整点，在两侧的端点处单击并向下拖曳，确定淡入和淡出线，如图4-106所示。

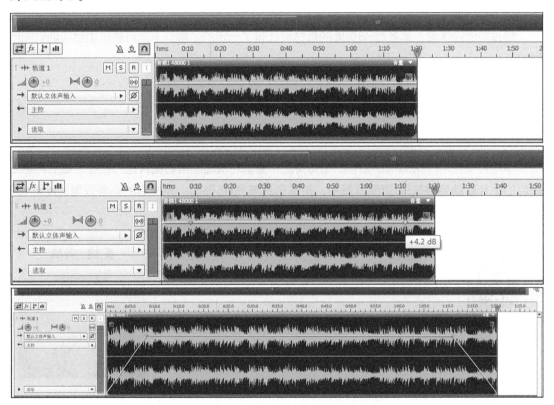

图4-106　确定淡入和淡出

（6）打开"音频2.mp3"素材文件（配套资源：\素材\第4章\音频2.mp3），将其拖曳到音频下侧，进行多轨混音，然后使用前面相同的方法对音频进行裁剪操作，效果如图4-107所示。

（7）选择【文件】/【导出】/【多轨缩混】/【完整混音】命令，打开"导出多轨缩混"对话框，设置名称和位置，然后调整格式为"MP3音频（*.mp3）"，单击 确定 按钮，导出音频文件，如图4-108所示（配套资源：\素材\第4章\H5配音_mixdown.mp3）。

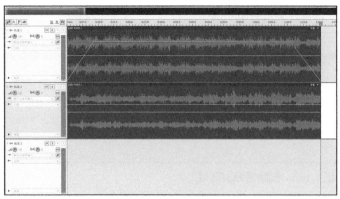

图4-107　多轨混音　　　　　图4-108　导出音频文件

4.4 项目实训

经过前面的学习，读者对H5页面的素材设计有了一定的了解，下面可通过项目实训巩固所学知识。

项目一▶制作节气H5页面

⊗ 项目目的

本项目将利用Photoshop制作节气H5页面，要求对灰暗的素材图片进行处理，最后再将处理后的图片移动到节气H5页面背景中，使其形成节气H5页面。完成后的参考效果如图4-109所示。

微课视频

4.4　项目一

图4-109　完成前和完成后的效果

⊗ 制作思路

（1）启动Photoshop CC 2019，打开"麦穗.jpg"素材文件（配套资源：\素材\第4章\麦穗.jpg），按【Ctrl+J】组合键复制图层。

（2）选择【图像】/【调整】/【亮度/对比度】命令，打开"亮度/对比度"对话框，设置"亮度""对比度"分别为"33""41"，单击 确定 按钮。

（3）选择【图像】/【调整】/【曲线】命令，打开"曲线"对话框，在中间的调整线的两端单击以确定调整点，分别向上拖曳调整亮度。

（4）选择【图像】/【调整】/【阴影/高光】命令，打开"阴影/高光"对话框，设置"阴影""高光"分别为"2""12"，单击 确定 按钮。

（5）打开"节气H5页面素材.psd"素材文件（配套资源：\素材\第4章\节气H5页面素材.psd），将调整好的麦穗图片拖曳到图像中，调整大小和位置。

（6）完成后按【Ctrl+S】组合键，保存文件（配套资源：\效果\第4章\节气H5页面.psd），完成本例的制作。

项目二 ▶ 制作抢红包H5页面

⊗ 项目目的

本项目将利用Photoshop制作H5抢红包页面，要求使用钢笔工具和形状工具让绘制的图片素材与原始素材衔接合理，更好地展现红包的动感。完成后的参考效果如图4-110所示。

微课视频

⊗ 制作思路

（1）启动Photoshop CC 2019，新建"名称""宽度""高度""分辨率"分别为"H5抢红包页面""640""1240""72"的图像文件。

4.4 项目二

图4-110 抢红包页面

（2）新建图层，填充颜色为"#1c0433"的背景颜色。使用"钢笔工具" 绘制颜色为"#450354"的底纹，并设置不透明度为"64"，然后为底纹所在的图层添加图层蒙版，并对底纹下侧进行涂抹使其形成过渡效果。

（3）使用相同的方法绘制其他背景形状，并设置颜色和不透明度。

（4）在形状的上侧绘制颜色为"#a40000"的

圆，打开"H5抢红包页面素材.psd"素材文件（配套资源：\素材\第4章\H5抢红包页面素材.psd），将其中的金币素材拖曳到圆的下侧。

（5）继续使用"钢笔工具" 绘制金币上侧的红包形状，其填充色分别为"#ff423e""#fa1a1c"。

（6）在打开的"H5抢红包页面素材.psd"素材文件中，将红包素材拖曳到金币下侧形成金币的掉落效果。

（7）继续使用"钢笔工具" 绘制页面底纹，并填充不同的渐变颜色，完成后保存文件（配套资源：\效果\第4章\H5抢红包页面.psd），完成本例的制作。

 实战演练

（1）本练习将使用Photoshop制作中秋节H5页面。在制作时先绘制背景，然后添加月饼、玉兔等主要素材（配套资源：\素材\第4章\中秋节H5页面素材.psd），最后输入文字。完成后的参考效果如图4-111所示（配套资源：\效果\第4章\中秋节H5页面.psd）。

（2）本练习将使用Photoshop制作阅读H5页面。在制作时先对阅读素材（配套资源：\素材\第4章\阅读.jpg）进行调色，如图4-112所示，使其符合制作需求，然后进行阅读H5页面的制作，最后添加文字。完成后的参考效果如图4-113所示（配套资源：\效果\第4章\阅读H5页面.psd）。

图4-111 中秋节H5页面效果

图4-112 阅读素材调色

图4-113 阅读H5页面效果

Chapter 5

第5章
H5页面的动效设计

5.1 H5页面动效设计基础
5.2 H5页面的内页动效设计
5.3 H5页面的转场动效设计

学习引导			
	知识目标	能力目标	情感目标
学习目标	1. 了解H5页面的动效设计的基础知识 2. 掌握H5页面的内页动效设计 3. 掌握H5页面的转场动效设计	1. 掌握制作微信红包页面内页动效的方法 2. 掌握制作微信红包页面转场动效的方法	1. 培养动效制作的创意能力 2. 培养良好的动手能力
实训项目	1. 制作产品推广H5页面动效 2. 制作招聘H5页面动效		

动画效果（简称"动效"）在H5页面中有着非常重要的作用，好的动效不但能增加整个H5页面的趣味性，还能增加H5效果的互动性。本章先讲解H5页面动效设计的基础知识，再对内页动效和转场动效的设计与制作方法进行介绍。

5.1 H5页面动效设计基础

动效是H5页面中必不可少的元素，能让乏味的H5页面变得不再单调。本节将对H5动效的基础知识进行介绍，包括H5动效的作用和主要类型。

5.1.1 H5页面动效的作用

动效具有渲染氛围和引导用户对H5的功能进行展现（如引导用户进行点击、翻页等）的作用，能吸引用户并让其做长时间的视觉停留，增加用户对H5的好感度。此外，动效还具有趣味性和互动性，能够给用户带来更好的视觉和操作体验，使整个H5页面更具吸引力。注意：设计人员在添加动效时不能过度，否则会造成视觉疲劳，影响主要信息的展现。图5-1所示为某H5游戏的入口动效截图，该动效主要通过单击、向下拖动、飞入等动效组合而成，整个效果不但有连贯性，而且还展现了各个细节部分。

微课视频

H5页面动效的作用

图5-1　某H5游戏的入口动效截图

5.1.2　H5页面的主要动效类型

　　根据H5页面使用场景、内容的不同，可将H5页面的动效分为内页动效、转场动效、内容动效、辅助动效、功能动效5种。下面分别进行介绍。

1. 内页动效

　　H5页面中，内页动效常用于依次展现H5页面的内容，使整个内容更具有动感和趣味。常见的内页动效有淡入淡出、放大、飞入飞出、旋转等。图5-2所示为使用淡入淡出的内页动效让整个H5页面具有趣味性。

微课视频

H5页面的主要动效类型

93

图5-2　淡入淡出的内页动效

2. 转场动效

在H5页面中，转场动效常用于内容的承上启下、描述场景的过渡或空间的转换。通过使用转场动效能让内容过渡得更加自然、用户体验更加流畅。常见的转场动效有上移转场、下移转场、左移转场、右移转场、放大缩小转场、立体翻转、旋转转场等。图5-3所示为图书翻页的转场动效，将上页内容和下页内容进行自然的转换。

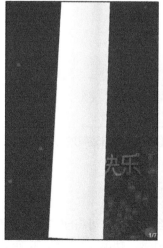

图5-3　图书翻页的转场动效

3. 内容动效

内容动效即通过动效来表现具体内容的一种动效类型。该类动效具有面积大、持续时间长等特点，常用于以视觉体验为主的H5页面。但需要注意的是，该类动效其专业跨度较大，为了让动效内容更具有展现性，往往需要一些专业能力强的的人员来制作。

根据交互的类型可将内容类动效分为无交互类和有交互类两种。下面分别进行介绍。

● 无交互内容动效。无交互内容动效指以动画或是视频的形式，将动效置入H5页面中，使其按照制作的特效进行播放。图5-4所示的H5页面即采用无交互内容动效。该H5页面主要采用动画的形式进行动效内容的展现，将动效与动画结合，不但内容有趣，而且表述明确。

图5-4　无交互内容动效的H5页面

高手点拨

要制作无交互内容动效，需要先掌握动画的制作方法，然后在H5页面中插入动画即可。常见的动画类型有GIF动画、逐帧动画、代码动画、视频动画等。

● 有交互内容动效。有交互内容动效指在无交互内容动效的基础上加入了交互的按钮或是动作，让用户的操作与H5页面的动效产生关联，以增加页面的互动性。图5-5所示的H5页面即采用有交互内容动效。在该H5页面中，需要用户点击某个页面，才会展开后续内容，整个页面效果不但提升了人与页面的互动性，而且还能增加用户对产品的关注度。

图5-5　有交互内容动效的H5页面

图5-5　有交互内容动效的H5页面（续）

4. 辅助动效

辅助动效在H5页面中所占内容较小，具有持续时间短、渲染力强、增强细节的作用。辅助动效能增强页面细节的表现力，提升整个H5页面效果的趣味性。常见的辅助动效有声效按钮、闪烁动效、光芒动效、滚动动效、Loading动效等。图5-6所示的H5页面即采用辅助动效。在该H5页面中，其开头部分采用Loading动效，通过加载的方式引入H5页面，在内容的展现中，添加闪烁的星光和声效按钮，增加整个H5页面的细节表现力，从而使整个页面更具有美观性。

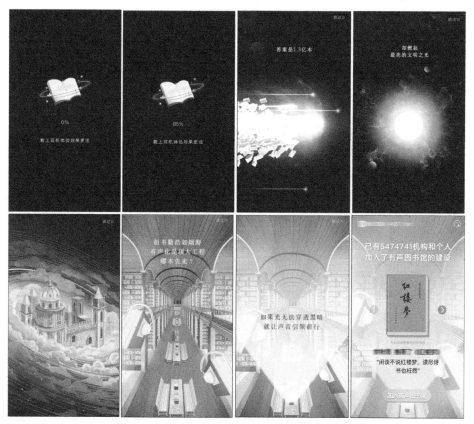

图5-6　采用辅助动效的H5页面

5. 功能动效

功能动效常用于测试类H5页面中，起到内容引导和提示作用，具有持续时间短、展示面积小、动效强度低的特点，常见的功能动效有提示翻页、单击按钮、选中某选项、分享位置、点击进入等。图5-7所示的H5页面即采用功能动效。在该H5页面中的"点击进入"按钮、"女声诊室"按钮、"男声诊室"按钮、单击选中按钮等都属于功能类动效。整个H5页面中的按钮不但具有引导性，而且能增加用户与页面间的互动性。

图5-7 采用功能动效的H5页面

高手点拨

设计人员在进行功能类动效的设计时需要注意两点问题：①如果H5页面中的按钮主要起到引导作用，可添加引导说明，便于用户操作；②在进行H5页面设计时，需要考虑将功能特效突出显示，便于用户识别与操作。

5.2 H5页面的内页动效设计

H5内页作为H5的基础页面，可在其中进行基础动效的设置。本节将从H5内页动效的选择和动效的层级出发讲解H5内页动效的设计方法，然后通过案例的形式，讲解H5内页动效的制作方法。

5.2.1 内页动效的选择

在制作内页动效前，设计人员需要先选择合适的动效。常见的动效选择可以从大小、实用场景、物理特征入手。下面分别进行介绍。

微课视频

内页动效的选择

- 根据大小选择动效。在进行内页动效的选择时，需要根据选择对象的大小选择动画，选择对象的面积越大，其移动速度越慢，动效幅度越小，反之选择对象面积越小，其速度越快，动效幅度也就越大。为了整个H5页面的动效统一，设计者可根据选择对象的大小进行有针对性的进行动效的设置。

- 根据实用场景选择动效。在H5页面中，动效的作用是吸引用户的注意力、情绪以及跟随内容情节的推进而产生变化。因此，设计人员在进行动效的选择时可根据实用场景进行动效的选择，使动效表述的内容更加符合场景需求。

- 根据物理特征选择动效。除了根据大小和实用场景选择动效外，设计人员还可以根据现实社会的真实场景和物理特征选择动效。若H5页面中使用的场景和素材是一些静态的物体，如房屋、森林、天空等，这些固定物体不适合添加动效；一些不具有移动性的物品，如水杯、衣服等，可选择舒缓类动效；而具有移动性的场景或产品，如流星飞过、火车开过、汽车飞驰、火箭发射等，可添加快速类动效，将速度感体现出来。

5.2.2 内页动效的层级

设计人员在进行内页动效的编辑时，往往会需要一组一组地展现内容，使其形成流动或者动感效果，此时就需要设计人员确定内容展现的顺序，如可将展现的内容分为不同的组，根据分组的先后顺序进行动效的展

微课视频

内页动效的层级

现，再根据展现的内容来调整展现速度的快慢。另外，在展现时，每一个动效的展现时间最好控制在2~5秒，不要过于迅速，避免信息展示过快，造成用户查看不够完整；也不要过于缓慢，避免给用户带来一种拖拉感，造成不好的印象。

设计人员在进行动效的选择时，为了避免动效过多，造成动效的杂乱，可对动效的运用样式进行设计，减少大弧度的动效的使用，以避免分散用户的注意力。

5.2.3 设计案例 制作微信红包H5页面的内页动效

在添加内页动效前需要先将完成后的页面置入H5编辑器中，然后进行动效的设计与制作。

本例将使用MAKA生成H5页面。在生成过程中可添加动画，使页面更具吸引力。具体操作如下。

（1）登录MAKA官方网站，进入MAKA首页页面，在右侧列表中单击"作品管理"超链接即进入创建作品页面，在左侧单击 创建作品 按钮，在右侧的面板中选择"翻页H5"选项，单击 空白创建 按钮，如图5-8所示。

图5-8　创建空白页面

（2）进入空白模板编辑页面，在页面左上角的"文件"下拉列表中选择"导入PSD文件"选项，如图5-9所示。

图5-9　选择"导入PSD文件"选项

（3）打开"上传PSD文件"对话框，将"H5抢红包页面1.psd"素材文件（配套资源：\素材\第5章\H5抢红包页面1.psd）添加到页面中，等待上传结束后，单击 完成 按钮，如图5-10所示。

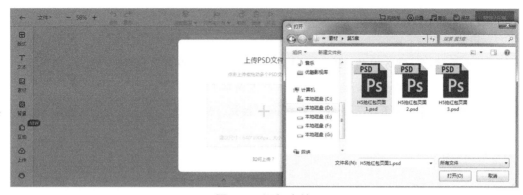

图5-10　添加文件

（4）完成后可看到该页面已经在模板编辑页面中，调整图像位置，如图5-11所示。

（5）在右侧打开"图层管理"列表框，选择金币所在图层，如图5-12所示。

（6）在页面右侧列表中单击"动画"选项卡，设置"速度"为"1s"，"延迟"为"0s"，"进场动画"为"下落放大"，此时选择的素材将会按照设置的动画进行展现，如图5-13所示。

图5-11　调整图像位置

图5-12　选择图层

图5-13　设置动画

（7）在图像中选择左侧红包图层，在页面右侧列表中单击"动画"选项卡，设置"速度"为"2s"，"延迟"为"0s"，"进场动画"为"向下飞入"，此时选择的素材将会按照设置的动画进行展现，如图5-14所示。使用相同的方法对其他红包进行动画的设置。

（8）按住【Ctrl】键不放，依次选择其他金币素材图层，在页面右侧列表中单击"动画"选项卡，设置"速度"为"2s"，"延迟"为"0s"，"进场动画"为"向上滑入"，如图5-15所示。

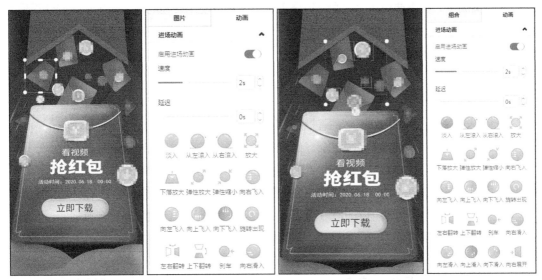

图5-14　设置红包动画　　　　　　　　　图5-15　设置其他金币动画

（9）选择最上侧的大红包素材，单击"动画"选项卡，设置"速度"为"2s"，"延迟"为"1s"，"进场动画"为"弹性放大"，如图5-16所示。

（10）选择背景所在图层，单击"动画"选项卡，关闭"启用进场动画"开关，取消动画，如图5-17所示。使用相同的方法，取消最上侧红色形状的进场动画。

（11）按【Ctrl+S】组合键保存文件，然后单击 预览/分享 按钮，在打开的页面左侧可预览设置后的效果，如图5-18所示。

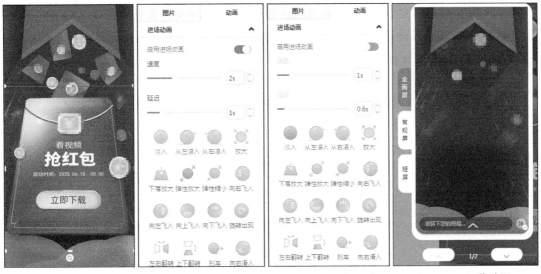

图5-16　设置大红包动画　　　图5-17　取消背景动画　　　图5-18　预览动画

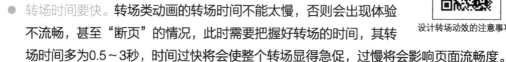 5.3 H5页面的转场动效设计

在H5页面中，若需要对多个页面进行连接，往往就会使用转场动效，转场动效能让页面间的过渡更加自然，使整个效果更具有连贯性。下面先讲解设计转场动效的注意事项，然后通过案例对转场动效的制作方法进行介绍。

5.3.1 设计转场动效的注意事项

微课视频

设计转场动效的注意事项

设计人员在设计转场动效时，需要注意以下3点。

- 转场时间要快。转场类动画的转场时间不能太慢，否则会出现体验不流畅，甚至"断页"的情况，此时需要把握好转场的时间，其转场时间多为0.5~3秒，时间过快将会使整个转场显得急促，过慢将会影响页面流畅度。
- 转场过渡自然。而转场类动画主要起着承上启下的作用，因此只有符合常规、过渡自然的转场，才不会使用户产生疑惑，从而使使用户更容易理解页面内容。
- 转场动效样式要与H5内容相符。转场动效的样式有许多，而具体需要使用哪种转场动效样式需要根据H5内容来确定。如图书需要翻页可使用左右立体翻页的转场动效样式；如需要查看下侧内容，则可以通过上移转场动效样式让转场效果与页面内容相符。

5.3.2 设计案例 制作微信红包H5页面的转场动效

微课视频

制作微信红包
H5页面的转场动效

当完成单个内页的动效设计后，即可再次添加其他内页，并添加转场动效，让内页与内页间过渡自然。本例将在微信红包H5页面中添加其他页面，并制作退场动效，然后添加音乐和转场效果，使整个微信红包H5页面更加完整。具体操作如下。

（1）登录MAKA官方网站，进入MAKA首页页面，在右侧列表中单击"作品管理"超链接即进入创建作品页面，在右侧面板选择制作后的微信红包H5页面，单击 编辑 按钮，继续进行编辑操作，如图5-19所示。

图5-19 继续编辑微信红包H5页面

（2）在页面下侧单击"新增"按钮 ﹢ ，使用5.2.3小节相同的方法将"H5抢红包页面2. psd"素材文件（配套资源：\素材\第5章\H5抢红包页面2.psd）添加到新增页面中，调整图像位置。按【Ctrl+A】组合键选择所有图层，在页面右侧选择"组合"选项，单击 按钮，组合图像，如图5-20所示。

图5-20　添加"H5抢红包页面2"素材

高手点拨

　　注意在添加素材时，其素材大小应该保持在20MB内，否则将无法添加。在设计动画素材时，需要考虑是否是一个动画一个图层，因为过多的图层将会使整个效果显得复杂，不利于动画的制作。

（3）在页面右侧列表中单击"动画"选项卡，单击打开"启用退场动画"开关，设置"速度"为"2.6s"，"延迟"为"1.8s"，"退场动画"为"向左淡出"，如图5-21所示。

图5-21　选择退场动画

（4）使用相同的方法添加"H5抢红包页面3.psd"素材文件（配套资源：\素材\第5章\H5抢红包页面3.psd），单击"动画"选项卡，单击打开"启用退场动画"开关，设置"速度"为"2.3s"，"延迟"为"1.1s"，"退场动画"为"向左方滑出"，如图5-22所示。

（5）选择第一张H5抢红包页面，单击顶部右侧的"设置"按钮 ⊚ ，打开"分享设置"页面，单击"背景音乐"选项卡，在左侧的列表中选择"节日"选项，然后在右侧的列表中选择"温馨时光"选项，单击按钮，如图5-23所示。

图5-22　添加"H5抢红包页面3"素材并设置动效

（6）单击"页面设置"选项卡，设置"滑动指示器"为第一个样式，设置"页码"为"底部右侧"，设置"翻页效果"为"淡出淡入"，单击选中"自动播放"复选框，设置播放速度为"5s"，如图5-24所示。

图5-23　选择歌曲　　　　　　　　图5-24　设置页面效果

（7）单击"弹幕"选项卡，单击选中"弹幕留言""允许发弹幕"复选框，在下侧文本框中输入"祝贺小米获取8元红包"，如图5-25所示。

（8）关闭编辑页面，完成后在页面右上角单击按钮，即可在打开的对话框中预览H5作品，并将其分享到微信、微博、QQ等社交平台，如图5-26所示。

　　　若整个H5页面都采用同一个背景样式，则背景可不运用动效，这样整个H5页面会更具有统一性。

高手点拨

104

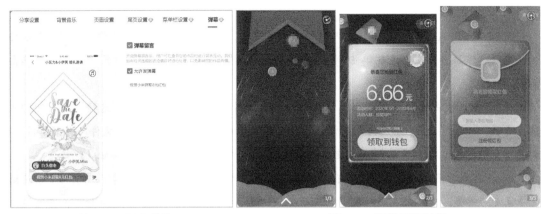

<table>
<tr><td>图5-25 设置弹幕</td><td>图5-26 预览页面效果</td></tr>
</table>

 ## 5.4 项目实训

经过前面的学习，读者对H5页面的动效设计有了一定的了解，下面可通过项目实训的形式巩固所学知识。

项目一▶制作产品推广H5页面动效

项目目的

运用本章所学知识，使用MAKA制作戒指的产品推广H5页面。该产品推广H5主要由4个页面组成，可添加合适的动效使戒指更具吸引力。在进行动效制作时，需要将卖点突出显示，并通过插画来体现温馨感，最后添加音乐渲染氛围。完成后的参考效果如图5-27所示。

微课视频

5.4 项目一

图5-27 产品推广H5页面动效

⊕ 制作思路

（1）登录MAKA官方网站，进入MAKA首页页面，在右侧列表中单击"作品管理"超链接即进入创建作品页面，在左侧单击 创建作品 按钮，在右侧的面板中选择"翻页H5"选项，单击 空白创建 按钮。

（2）进入空白模板编辑页面，在页面左上角选择"文件"下拉列表，选择"导入PSD文件"选项，打开"上传PSD文件"对话框，将"产品推广H5页面1.psd"素材文件（配套资源：\素材\第5章\产品推广H5页面1.psd）拖曳到窗口中，等待上传结束后单击 完成 按钮。

（3）完成后可看到该页面已经在模板编辑区中，调整个页面位置，选择"男人的幸福是他值得我爱"图层，在页面右侧列表中单击"动画"选项卡，设置"速度"为"4.1s"，"延迟"为"5s"，"进场动画"为"淡出"。

（4）选择其他文字图层，设置"速度"为"1.5s"，"延迟"为"1.9s"，"进场动画"为"向左飞入"。

（5）在页面下侧单击"新增"按钮 +，使用同样的方法将"产品推广H5页面2.psd"素材文件（配套资源：\素材\第5章\产品推广H5页面2.psd）添加到新增页面中。

（6）按【Ctrl】键不放，依次选择素材下侧的所有图层，在页面右侧单击"组合"选项卡，单击 组合 按钮，再单击"动画"选项卡，设置"速度"为"2.6s"，"延迟"为"1.8s"，"进场动画"为"从左滚入"。

（7）使用相同的方法依次添加"产品推广H5页面3.psd"和"产品推广H5页面4.psd"素材文件（配套资源：\素材\第5章\产品推广H5页面3.psd、产品推广H5页面4.psd），并分别对文字进行组合，然后单击"动画"选项卡，设置"速度"为"1.4s""延迟"为"1.1s"，"进场动画"为"向右飞入"。

（8）选择第一张页面，单击顶部的"音乐设置"按钮♫，打开"分享设置"页面，在"背景音乐"选项卡中选择需要添加的歌曲，这里添加"丁香花开"音乐，单击 已选择 按钮。

（9）单击"页面设置"选项卡，设置"滑动指示器"为第一个样式，设置"页码"为"底部左侧"，设置"翻页效果"为"推移"，单击选中"自动播放"复选框，设置播放速度为"8s"。

（10）完成后在页面右上角单击 预览/分享 按钮，即可在打开的对话框中预览H5作品，并将其分享到微信、微博、QQ等社交平台。

 项目二 ▶ 制作招聘H5页面动效

⊕ 项目目的

运用本章所学知识，使用MAKA制作招聘H5页面动效。在设计时需要将招聘内容凸显出来，然后使用动效让整个页面更具动感。完成后的参考效果如图5-28所示。

微课视频

5.4 项目二

图5-28　招聘H5页面动效

⊗ 制作思路

（1）登录MAKA官方网站，进入MAKA首页页面，在右侧列表中单击"作品管理"超链接即进入创建作品页面，在左侧单击 创建作品 按钮，在右侧的面板中选择"翻页H5"选项，单击 空白创建 按钮。

（2）进入空白模板编辑页面，在页面左上角选择"文件"下拉列表，选择"导入PSD文件"选项，打开"上传PSD文件"对话框，将"H5招聘页面1.psd"素材文件（配套资源：\素材\第5章\H5招聘页面1.psd）添加到页面中，等待上传结束后，单击 完成 按钮。

（3）在页面下侧单击"新增"按钮 +，使用相同的方法添加"H5招聘页面2.psd、H5招聘页面3.psd"素材文件（配套资源：\素材\第5章\H5招聘页面2.psd、H5招聘页面3.psd）。

（4）选择第2张页面，选择"周末双休"图层，在页面右侧列表中单击"动画"选项卡，设置"速度"为"4s"，"延迟"为"3s"，"进场动画"为"淡入"。

（5）选择其他文字图层，设置"速度"为"4s"，"延迟"为"2s"，"进场动画"为"向左飞入"。

（6）选择第3张页面，依次选择文字图层，单击"动画"选项卡，设置"速度"为"3s"，"延迟"为"2s"，"进场动画"为"淡入"。

（7）选择第一张H5招聘页面，单击顶部的"设置"按钮 ◎，打开"分享设置"页面，单击"页面设置"选项卡，设置"滑动指示器"为第3个样式，设置"页码"为"无"，设置"翻页效果"为"淡出淡入"，单击选中"自动播放"复选框，设置播放速度为"2s"。

H5页面创意设计（全彩慕课版）

（8）关闭编辑页面，完成后在页面右上角单击 预览/分享 按钮，即可在打开的对话框中预览H5作品，并将其分享到微信、微博、QQ等社交平台。

实战演练

本练习将在MAKA中打开家居H5页面的相关素材（配套资源：\素材\第5章\家居H5页面\），将其添加到H5页面中，然后依次为文字和图片添加动效，完成后分享到微信平台。完成后的参考效果如图5-29所示。

图5-29　家居H5页面动效

Chapter 6

第6章
H5页面的创意设计

6.1 H5页面的交互创意设计

6.2 H5页面的动态创意设计

学习引导			
	知识目标	能力目标	情感目标
学习目标	1. 掌握H5页面的交互创意设计 2. 掌握H5页面的动态创意设计	1. 掌握使用凡科微传单制作全景H5页面的方法 2. 掌握制作快闪广告H5页面的方法	1. 提升对用户交互体验的认识与运用 2. 培养动效的创意设计能力
实训项目	制作元旦GIF动画		

一个优秀的H5页面不但要包含图片、动画、视频等元素，还要具有创意。好的创意能提升H5页面的展示效果，使页面更具有吸引力。本章将从交互创意设计和动态创意设计出发，讲解H5页面的创意设计方法。

6.1 **H5页面的交互创意设计**

随着H5技术的不断发展，H5的创意性和互动性也不断得到增强。下面将介绍720度全景技术、人脸识别技术、物理引擎技术、重力感应技术、手指跟随技术在H5页面交互创意设计中的应用。

6.1.1 使用H5+720度全景技术查看全景画面

720度全景技术又被称为3D实景技术，是一种新兴的新媒体技术，该技术相对于视频、声音、图片等展现方式的最大区别是"可操作，可交互"。在H5页面中运用720度全景技术可将H5页面打造成三维立体空间，让用户产生置身其中的感觉。该技术常用于旅游景点展示、酒店展示、全景展现、空间展示、虚拟场景展示、公司宣传、汽车三维展示等。

微课视频

使用H5+720度全景技术查看全景画面

图6-1所示为某商家邀请函H5页面。该H5页面利用720度全景技术实现全景画面的展现。页面的开头先通过旋转的活动标题引导用户进入，然后通过快速的画面展现邀请函内容，用户可用手指滑动屏幕，浏览造物节的活动介绍与场景。

图6-1　某商家邀请函H5页面截图

6.1.2　使用H5+人脸识别技术让内容更有趣

人脸识别技术是指将人脸图像输入到识别系统中，计算机根据人物的脸部特征进行人脸识别。H5中的人脸识别技术常被图片处理类、高科技类企业运用。用户只需打开手机通过手机摄像头即可进行人脸识别，操作方便快捷。

图6-2所示为某测试H5页面。当用户点击H5页面中的"开始勘探"时，系统会调动手机摄像头，此时用户只需拍摄并选择照片，系统会自动识别用户的面部表情数据，并根据数据分析照片的情绪状态。该过程就是使用人脸识别技术来实现的。

微课视频

使用H5+人脸识别
技术让内容更有趣

图6-2　某测试H5页面截图

6.1.3 使用H5+物理引擎技术创建虚拟世界

物理引擎技术是一种仿真程序技术，是在使用时先创建一种虚拟环境。在这个虚拟的环境中除了物体的相互作用（如运动、旋转和碰撞）外，还包括施加到它们身上的力（如重力）。

H5中的物理引擎技术主要用于H5游戏的开发，通过在编辑器中创建虚拟世界，打造真实的重力和运动效果，使整个H5页面更具有趣味性。图6-3所示为某H5游戏页面。该H5游戏通过操作汽车躲避障碍进行游戏的互动，其中躲避障碍的过程即运用了物理引擎技术。

微课视频

使用H5+物理引擎技术创建虚拟世界

112

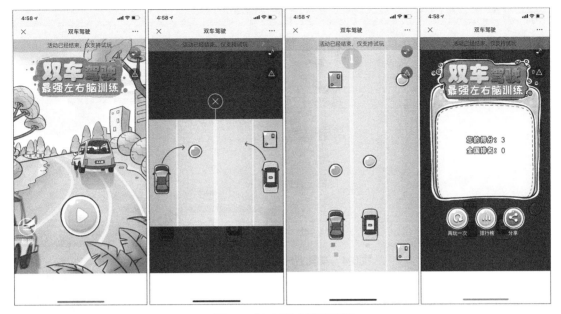

图6-3　某H5游戏页面截图

6.1.4　使用H5+重力感应技术让用户的互动体验更强

重力感应原指对地球重力方向的感知。在H5中的重力感应是指通过手机中对力敏感的传感器，使H5感受手机在变换角度时产生的重心变化，从而调整页面内容也随着重心的变化而变化。该技术能增强用户的体验感，被广泛地应用在了H5中，如赛车游戏中的左右转弯控制、屏幕横屏和竖屏切换等场合，都需要应用到重力感应技术。

图6-4所示为某乳业H5页面。该H5页面最后的倒牛奶场景可通过倾斜手机的方式来实现，这个过程即采用了重力感应技术。

图6-4　某乳业H5页面截图

图6-4　某乳业H5页面截图（续）

微课视频

使用H5+手指跟随
技术让操作更生动

6.1.5　使用H5+手指跟随技术让操作更生动

　　为了模拟原生应用的触控效果，大多数H5都运用了手指跟随技术，通过手指滑动或触控动效，让操作变得更加生动，同时也加强了与用户的互动。

　　图6-5所示为某赛车H5游戏页面。在游戏过程中，加速、移动即通过手指跟随技术实现。

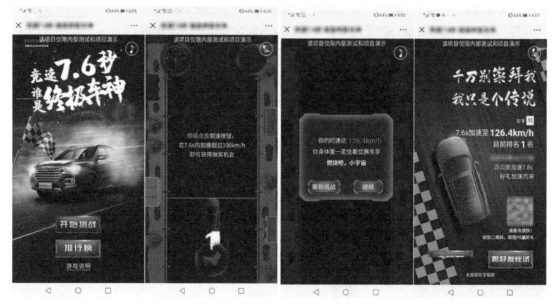

图6-5　某赛车H5游戏页面截图

6.1.6　设计案例　使用凡科微传单制作全景H5页面

　　凡科微传单是一款简单易用的H5制作工具，通过该工具可以制作720度全景H5页面。本例将使用凡科微传单制作720°全景H5页面，在制作时先制作外景和内景，然后对内容进行编辑，完成后添加样式内容。具体操作如下。

（1）登录凡科微传单官方网站，单击 进入管理 按钮，进入模板商城，单击"趣味功能"选项，在打开的列表中，单击"720°全景"超链接，进入创建页面，单击"从空白创建"选项，如图6-6所示。

图6-6　使用免费模板

（2）进入编辑页面，在左侧将显示全部页面缩略图，单击"模板"按钮 ，如图6-7所示。

图6-7　单击"模板"按钮

（3）在右侧展开的列表框中，单击"趣味页面"选项卡，在下侧选择"720°全景"选项，将添加全景页面，如图6-8所示。

（4）打开模板页面，选择"从空白开始"选项，单击 添加 按钮，如图6-9所示。

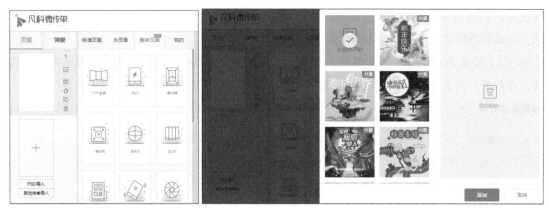

图6-8　添加全景页面　　　　　　　　　　　图6-9　添加模板

（5）选择第一张页面并删除，然后单击页面上侧的 展开编辑全景 按钮，如图6-10所示。

图6-10　展开编辑全景

（6）在右侧面板中，单击"底色"栏右侧的色块，在打开的列表中，设置颜色为"#3949ab"，如图6-11所示。

（7）在"内圈背景"栏中，单击"自定义"选项卡，单击下侧的 + 按钮，如图6-12所示。

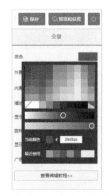

图6-11　设置背景颜色　　　　　　　　　图6-12　设计内圈背景

（8）打开"我的图片"页面，单击 本地上传 按钮，打开"打开"对话框，选择背景图片所在文件夹（配套资源：\素材\第6章\背景.jpg），单击 打开(O) 按钮，添加素材图片，如图6-13所示。

图6-13　添加素材图片

（9）单击"控件"选项卡，在功能下拉列表中，选择"按钮"选项，如图6-14所示。

图6-14　添加按钮

（10）此时右侧将打开按钮编辑面板，设置"全景层次"为"3"，然后在"文本"右侧的文本框中输入"活动详情"，再设置"主题颜色"为"#8e24aa"，如图6-15所示。

图6-15　设置按钮样式

（11）单击"动画"选项卡，设置"延迟""持续"分别为"1s""2"，设置动画样式为"弹性放大"选项，如图6-16所示。

（12）单击"点击"选项卡，在"点击事件"下拉列表中选择"打开弹窗"选项，在下侧单击"固定弹窗"选项卡，单击 创建弹窗 按钮，在打开的列表中单击 ➕ 按钮，如图6-17所示。

图6-16　设置动画

图6-17　添加弹窗

（13）进入"弹窗"页面，在右侧的"弹窗"面板中，设置背景颜色为第2排第2种颜色，并设置"透明"为"0%"，单击"文本"选项卡，在打开的下拉列表中选择"主标题"选项，如图6-18所示。

（14）在文本框中输入"活动详情"文字，然后在右侧的面板中，设置"字体""颜色"为"思源黑体—特粗""#ffffff"选项，保持默认设置，并将其移动到页面顶部，效果如图6-19所示。

图6-18　设置文字样式　　　　　　　　　　　图6-19　输入文字

（15）再次单击"文本"选项卡，在打开的下拉列表中选择"正文"选项，在中间区域输入图6-20所示文字，然后设置"字号""行距""颜色"分别为"34px""1.2倍""#ffffff"，按【Ctrl+S】组合键保存编辑。

（16）返回页面并展开全景效果，单击"活动详情"按钮，单击"点击"选项卡，单击 选择弹窗 按钮，在打开的下拉列表中选择"弹窗1"，单击打开"点击音效"开关，然后设置"点击音效"为"箫声"，单击打开"点击提示"开关，如图6-21所示。

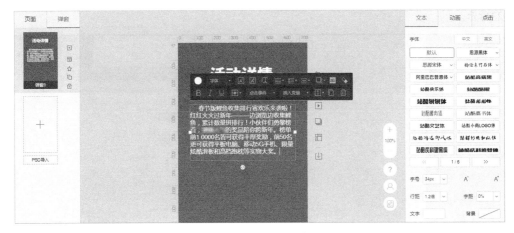

图6-20　修改文字

图6-21　设置点击音效

（17）使用相同的方法，添加"活动注意事项"按钮，并添加动画、点击和弹窗，其具体参数如图6-22所示。

图6-22　添加"活动注意事项"按钮参数

（18）单击"素材"选项卡，打开"我的图片"页面，单击本地上传按钮，打开"打开"对话框，选择"新年"图片所在文件夹（配套资源：\素材\第6章\新年.png），单击 打开(O) ▼ 按钮，如

图6-23所示。

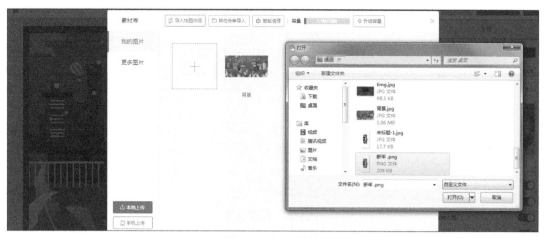

图6-23　打开图片

（19）将插入的图片移动到图像的中间区域，单击"动画"选项卡，在下侧选择"强调动画"选项卡，设置"延迟""持续""动画样式"分别为"1s""2""放大翻转"，如图6-24所示。

图6-24　设置动画

（20）单击 按钮，单击打开"背景音乐"开关，然后单击 选择音乐 按钮，在打开的"系统音乐"面板中设置背景音乐为"安静1"，单击打开"自动播放""循环播放"开关，如图6-25所示。

（21）保存图像，然后单击 预览和设置 按钮，进入预览页面，单击"编辑分享样式"按钮 ，设置分享标题、分享描述和封面图，单击 使用分享标题 按钮，返回预览页面，查看完成后的整个效果，如图6-26所示。

（22）单击"手机预览"按钮，将打开二维码页面，使用手机扫描二维码即可查看整个页面效果，通过拖曳页面可进行内容的浏览，如图6-27所示。

图6-25　设置背景音乐

图6-26　设置分享样式

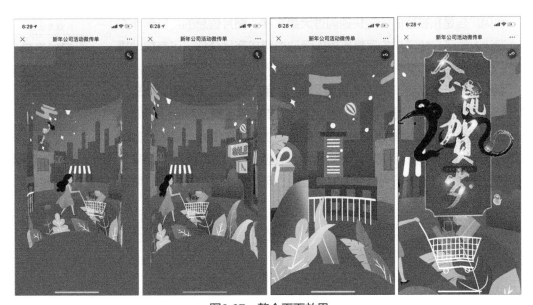

图6-27　整个页面效果

图6-27　整个页面效果（续）

6.2　H5页面的动态创意设计

H5页面中的交互往往是页面中的某一个部分或整个场景的展现，要让页面更具吸引力，还需要设计有创意的动态效果。H5页面的动态创意主要通过快闪广告、粒子特效、视频、多屏互动和GIF动画来实现。

6.2.1　使用H5+快闪广告提升浏览体验

快闪广告是指在短时间内快速闪过大量文字、图片信息的广告制作方式。设计人员可在快闪广告后直接插入活动内容或产品介绍，可有效地提高用户转化率。

图6-28所示为某音乐网站H5页面。整个页面以快闪广告的形式展现，不但具有节奏感，而且更能突出主题。快闪广告一般是通过After Effect、Premiere等后期软件剪辑制作而成的，配置要求低。由于制作快闪广告时

微课视频

使用H5+快闪广告提升浏览体验

需要经过选材设计、视频剪辑、渲染输出3个步骤，因此较为复杂和费时。此外，快闪广告拥有优秀的吸睛效果，但是因为信息闪现速度快，可能会造成信息缺漏，所以转化率不高是快闪广告的一大缺陷。

图6-28　某音乐网站H5页面截图

6.2.2 使用H5+粒子特效提升视觉体验

微课视频

粒子特效指将无数的单个粒子组合，使其呈现出固定形态，并借由控制器、脚本来控制粒子整体或单独运动，模拟出真实的动态效果。粒子特效常用于模拟现实中的水、火、雾、气等效果。

使用H5+粒子特效提升视觉体验

图6-29所示为某物流企业的H5页面。该页面采用科技风格，以浩瀚的宇宙为背景，应用粒子特效，通过星辰粒子的组合与聚散让整个页面效果充满科技感。

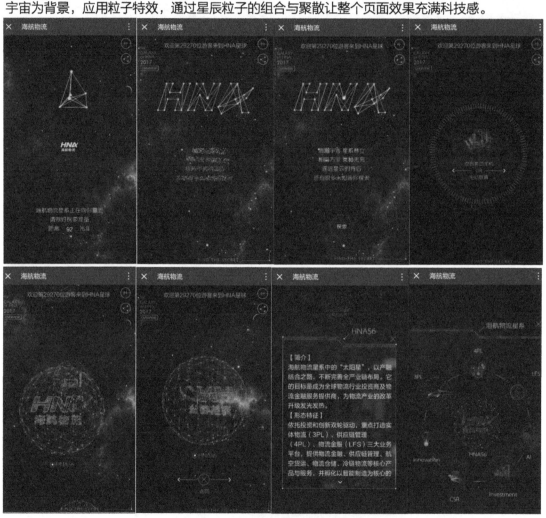

图6-29 某物流企业的H5页面截图

6.2.3 使用H5+视频提升内容的展现效果

微课视频

视频也是H5页面中常用的动态展现方式。可直接在H5页面中插入视频，并对视频进行设计，以提升内容的展现效果。

图6-30所示为某直播平台的H5页面。该页面采用了手机的重力感应技术，用户转动手机时页面上的罗盘会跟着转动，向上滑动可直接切换查看视频。

使用H5+视频提升内容的展现效果

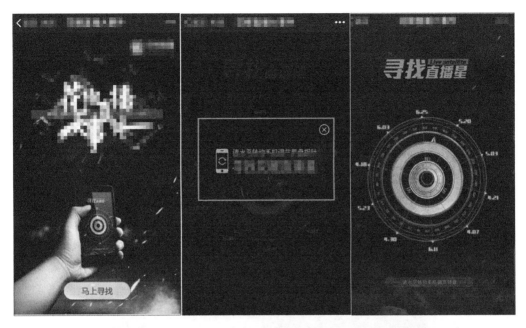

图6-30　某直播平台的H5页面截图

6.2.4　使用H5+多屏互动提升营销的娱乐性

多屏互动指用户在多个屏幕上体验活动，在每个屏幕上的操作都会同时反应到其他屏幕上，一般以双屏互动为主。在H5页面中使用多屏互动能实现手机、平板电脑、电视的互动，打造互动性更强的H5页面。

图6-31所示为某饰品企业的H5页面。该页面采用了双屏互动的动态设

微课视频

使用H5+多屏互动
提升营销的娱乐性

计。在页面的开始是一个人在黑白的孤岛上漫游，朋友之间扫码互动后，人物即跨屏至另一个屏幕，实现多屏互动。

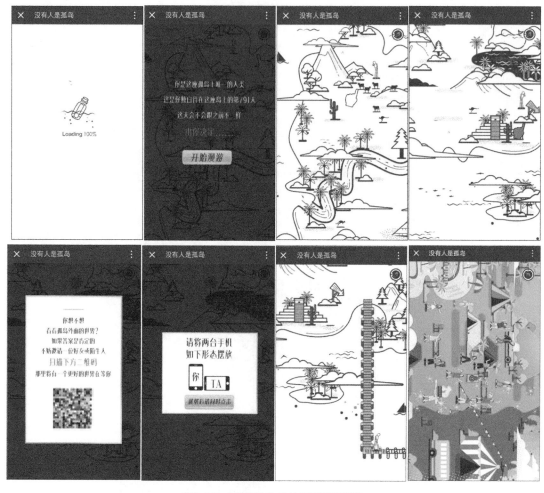

图6-31　某饰品企业的H5页面截图

6.2.5　使用H5+GIF动画让画面更生动

动画是H5页面中不可或缺的一部分，出色的动画能让H5页面更加生动。GIF动画是一种文件量小、可压缩、制作成本低的动效类型，多用于小动效的制作。GIF动图相对于其他动效来说，其优势在于可以图片形式进行编辑，适用于各种操作系统。GIF动画多用于对动效要求不高、场景简单的H5页面，只需要以背景图片或内容图片的形式在页面上直接引用即可。可制作GIF动画的软件有很多，如Photoshop、Flash、Adobe After Effects等，只需将制作后的动效导出为GIF格式即可。

微课视频

使用H5+GIF动画让画面更生动

图6-32所示为引入GIF动画的H5页面，通过字体元素的变化，使页面更具动感。

图6-32　引入GIF动画的H5页面

6.2.6　设计案例　制作快闪广告H5页面

快闪广告既可以通过编辑器制作，也可使用Photoshop和Premiere来制作。本例先使用Photoshop将文字分割为单独页面，然后使用Premiere制作动效，最后进行组合，完成整个快闪广告的制作。具体操作如下。

微课视频

制作快闪广告H5页面

（1）启动Photoshop CC 2019，选择【文件】/【新建】命令，打开"新建文档"对话框，设置"宽度""高度""分辨率"分别为"1920""1080""72"，单击 创建 按钮，如图6-33所示。

（2）将前景色设置为"#040005"，按【Alt+Delete】组合键填充前景色，选择"横排文字工具" T.，在图像中间输入"快闪广告"文字，然后设置"字体""字号""文本颜色"分别为"思源黑体 CN""100点""#ffffff"，如图6-34所示。

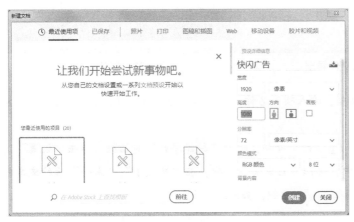

图6-33　创建空白页面

图6-34　输入文字

（3）选择【图像】/【变量】/【定义】命令，打开"变量"对话框，单击选中"文本替换"复选框，在"名称"文本框中输入"a"，单击 下一个(N) 按钮，如图6-35所示。注意：这里的

"a"是提供的文本素材第一个文字。

（4）打开"变量"窗口，单击 导入(I)... 按钮，打开"导入数据组"对话框，单击 选择文件(S)... 按钮，选择要导入的文件，这里选择"快闪.txt"文件（配套资源：\素材\第6章\快闪.txt），完成后依次单击 确定 按钮，如图6-36所示。

图6-35　设置变量内容

图6-36　导入数据

（5）选择【文件】/【导出】/【数据组作为文件】命令，打开"将数据组作为文件导出"对话框，单击 选择文件夹... 按钮，设置文件的保存位置，然后在"文件命名"文本框中输入文件命名格式，单击 确定 按钮，最后保存文件，如图6-37所示。

（6）启动Premiere Pro CC2019，在欢迎页面中，单击"新建项目"选项，如图6-38所示。

图6-37　将数据组作为文件导出

图6-38　新建项目

（7）打开"新建项目"对话框，输入项目名称，并选择文件保存位置，然后单击 确定 按钮，如图6-39所示。

（8）选择【文件】/【新建】/【序列】命令，打开"新建序列"对话框，单击"设置"选项卡，在"编辑模式"下拉列表中，选择"自定义"选项，在"帧大小""水平"后的文本框中输入"1920""1080"，单击 确定 按钮，如图6-40所示。

（9）选择【文件】/【导入】命令，打开"导入"对话框，选择需要导入的音乐，这里选择"快闪音乐.mp3"文件（配套资源：\素材\第6章\快闪音乐.mp3），单击 打开(O) 按钮，导入音频，如图6-41所示。

（10）此时，可发现页面左侧显示添加的音乐效果，双击该音乐文件，将其在左上侧音乐编辑窗口中打开，然后按【~】键，放大显示，如图6-42所示。

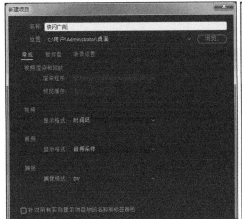

图6-39 新建项目

图6-40 新建序列

图6-41 选择要添加的音乐

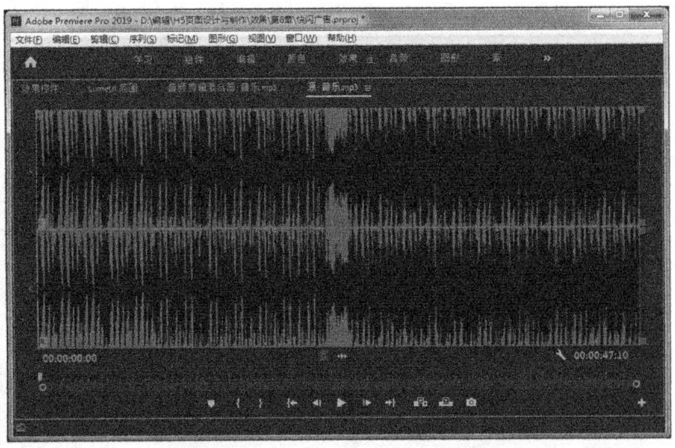

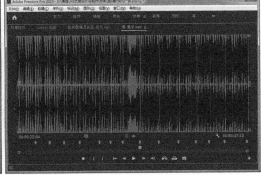

图6-42 放大音乐编辑窗口

（11）使用鼠标将定位线定位到3.09秒处，按【M】键确定定位标记，如图6-43所示。

（12）使用相同的方法继续添加标记点，为整个效果添加14个标记，如图6-44所示。

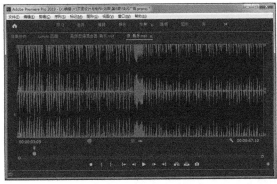

图6-43 添加标记点

图6-44 为其他区域添加标记

（13）选择【窗口】/【所有面板】命令，返回首页面板，并将有标记的音频添加到时间轴上，如图6-45所示。

（14）打开前面保存的字幕对话框（配套资源：\效果\第6章\数据组编号（1，2…）_数据组 "1".psd~数据组编号（1，2…）_数据组 "14".psd），按【Ctrl+A】组合键，全选字幕，然后将其拖曳到音频时间轴上，如图6-46所示。

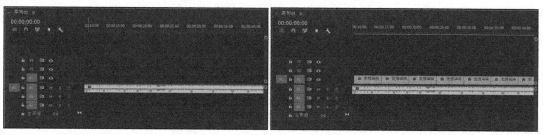

图6-45　添加到时间轴　　　　　　　　　　　　　图6-46　添加字幕

（15）依次选择字幕，当鼠标指针呈现出█形状时，拖曳字幕将其调整到与音频标记对齐，如图6-47所示。

（16）双击上侧的文字，在上侧的展示窗口中显示可选择的文字，若出现文字不连贯的情况，可在时间轴中调整文字位置，使文字更加连贯，如图6-48所示。

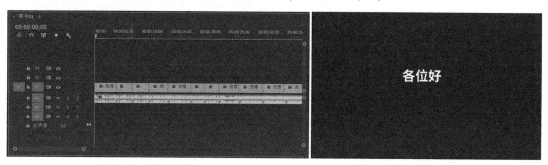

图6-47　调整字幕　　　　　　　　　　　　　　图6-48　查看字幕效果

（17）选择【窗口】/【效果】命令，打开 "效果" 面板，在面板中选择【通道】/【反转】选项，如图6-49所示。

（18）将反转效果拖曳到时间轴上的第一个文字上，为其添加反转效果，如图6-50所示。

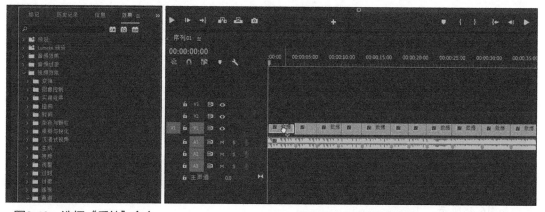

图6-49　选择 "反转" 命令　　　　　　　　　　图6-50　添加反转效果

（19）使用相同的方法，依次对其他文字添加反转效果，其中添加效果后的文字图标将呈紫色显示，而未被添加的文字图标则为灰色，如图6-51所示。

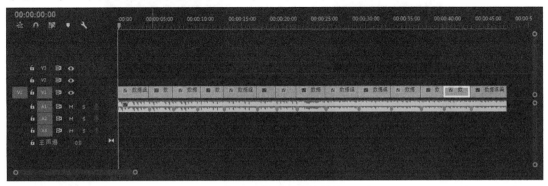

图6-51　完成后反转效果

（20）选择第一个字幕文字，选择【Ctrl+C】组合键复制图层，按住【Ctrl】键不放，依次选择剩余字幕，按【Ctrl+Alt+V】组合键，打开"粘贴属性"对话框，单击选中"运动"复选框，单击 确定 按钮，如图6-52所示。

（21）选择【文件】/【导出】命令，打开"导出设置"对话框，设置输出名称，单击 导出 按钮，如图6-53所示。

图6-52　打开"粘贴属性"对话框

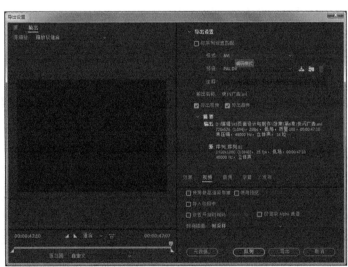

图6-53　导出效果

　　除了使用Premiere进行快闪广告的制作外，还可使用凡科微传单、人人秀等编辑器进行快闪广告的制作，只需选择相应的选项进行单屏页面的制作即可，其具体方法这里不再讲解。

（22）打开保存后的文件，可发现整个效果随着视频的播放进行闪屏展现，参考效果如图6-54所示（配套资源：\效果\第6章\快闪广告.avi）。

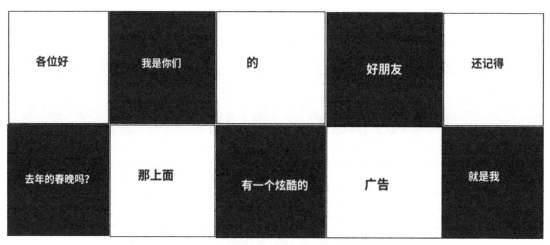

图6-54　参考效果

 ## 6.3 项目实训

经过前面的学习，读者对H5页面的创意设计有了一定的了解，下面可通过项目实训巩固所学知识。

项目▶制作元旦GIF动画

微课视频

⊕ 项目目的

运用本章所学知识，使用Photoshop制作元旦GIF动画。在制作的GIF动画中，不但要将文字以动画的形式展现，还要制作动态的老鼠图像，丰富动画效果。完成后的参考效果如图6-55所示。

6.3　项目实训

图6-55　元旦GIF动画

⊗ 制作思路

（1）打开"元旦快乐动画.psd"素材文件（配套资源：\素材\第6章\元旦快乐动画.psd）。

（2）选择【窗口】/【时间轴】命令，在工作界面底部打开"时间轴"面板，单击"时间轴"面板底部的 [创建视频时间轴] 按钮，创建1帧动画。

（3）在时间轴上选择"旦"图层，将鼠标指针移动到图层的最前方，当光标变为 ╀ 形状时，向右进行拖曳，将图层调整至"1:00f"处。

（4）在时间轴上选择"快"图层，将鼠标指针移动到图层的最前方，当光标变为 ╀ 形状时，向右进行拖曳，将图层调整至"2:00f"处。

（5）使用相同的方法将"乐"图层调整至"3:00f"处。

（6）在时间轴上选择"旦"图层，单击鼠标右键，在弹出的快捷菜单中选择"旋转"选项，使用相同的方法为其他图层设置动效。

（7）选择最下侧的老鼠图层，调整老鼠图层的动效位置，使用相同的方法调整其他老鼠图层位置，完成后，在"时间轴"面板底部单击 ▶ 按钮，可播放设置的动画效果。

（8）选择【文件】/【导出】/【存储为Web所用格式】命令，打开"存储为Web所用格式"对话框，将格式设置为"GIF"，查看图像大小，单击 [存储…] 按钮，保存图像（配套资源：\效果\第6章\元旦快乐动画.gif）。

⚙ **实战演练**

（1）本练习将使用凡科微传单制作房屋720°全景H5页面（配套资源：\素材\第6章\房屋720°全景H5页面\）。在制作时先将背景添加到720°全景的内图中，最后依次添加素材并设置动画效果。完成后的参考效果如图6-56所示。

图6-56　房屋720°全景H5页面效果

（2）本练习将使用Photoshop制作夏日H5页面的GIF动画（配套资源：\效果\第6章\夏日H5页面效果.psd），完成制作后可使文字以动画的形式展现。参考效果如图6-57所示。

图6-57　夏日H5页面的GIF动画

Chapter

7

第7章
综合案例 活动运营H5
页面的设计与制作

7.1 制作元宵节活动H5页面的前期准备

7.2 元宵节活动H5页面的设计

7.3 元宵节活动H5页面的动效制作与发布

学习引导			
	知识目标	能力目标	情感目标
学习目标	1. 了解制作元宵节活动H5页面的前期准备 2. 了解元宵节活动H5页面的设计内容 3. 了解元宵节活动H5页面动效的制作与发布	1. 掌握元宵节活动H5页面的设计方法 2. 掌握元宵节活动H5页面的动效制作与发布方法	1. 培养活动运营类H5页面的设计能力 2. 培养活动运营类H5页面的创意能力
实训项目	1. 制作会议邀请函H5页面 2. 制作会议邀请函H5页面动效		

元宵节是我国的传统节日之一，本章将以元宵节活动为例，讲解活动运营H5页面的设计与制作方法。在制作前需要先进行元宵节活动H5页面的前期准备工作，然后对其页面进行设计，最后进行H5动效制作与发布。图7-1所示为元宵节活动H5页面效果。

图7-1　元宵节活动H5页面效果

图7-1　元宵节活动H5页面效果（续）

7.1 制作元宵节活动H5页面的前期准备

在设计元宵节活动H5页面前需要先对页面进行设计构思，然后绘制H5原型图，最后搜集与元宵节相关的素材。

7.1.1 元宵节活动H5页面设计构思

微课视频

元宵节活动H5页面设计构思

在进行节日活动H5的运营与推广时，常用的方式就是抽奖或红包。这些方式吸引力强、推广方便，能够有效吸引用户浏览。本章将制作以抽奖为运营方式的元宵节活动H5页面。

元宵节活动H5页面分为4个部分，设计构思如下。

● 活动标题页。活动标题页是元宵节活动H5页面的首页，主要起到展现活动主题的作用。该页面整体色调以橙色和红色为主色，体现节日气氛。文字应以简洁为主，不要过多，只需点明主题即可。在样式上可添加跳转按钮，让H5页面更加连贯。

● 活动内容页。活动内容页是元宵节活动H5页面的第2页，主要是对元宵节进行介绍，在色调上继续沿用标题页的设计，让效果更加统一。由于内容页文字较多，设计人员可在其中添加特殊动效，让页面变得生动。

● 活动红包页。活动红包页是元宵节活动H5页面的第3页。该页面常使用口令红包、转盘或九宫格的方式进行展现。本章将使用人人秀作为动效的制作软件，采用转盘的形式进行展现，要求同一个人一天只能转动一次，并设置不同的产品作为红包奖品。

● 活动介绍页。活动介绍页是元宵节活动H5页面的第4页，主要是对红包内容进行说明，可以是活动规则的补充，也可以是对企业的介绍，具体内容可根据活动内容进行添加。

但需要注意，该内容较简单，无须使用过多的动效，只需简单
的文字展示即可。

7.1.2 绘制元宵节活动H5页面原型图

针对元宵节的设计构思，进行H5原型图的绘制。图7-2所示为元
宵节活动H5页面的原型图，其中对页面的布局方式和动效方式进行了说明。

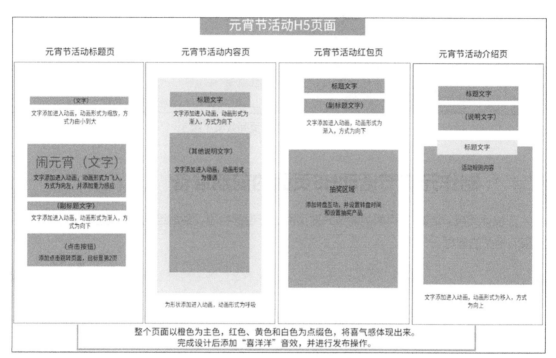

图7-2 元宵节活动H5页面原型图

7.1.3 搜集元宵节活动H5页面素材

元宵节作为传统的节日，设计人员在设计时可将一些民俗活动图片
作为素材添加到背景中，如图7-3所示。

图7-3 元宵节活动H5页面素材

为了营造节日氛围，可在搜集汤圆、花灯、烟花等素材的矢量图像，注意：搜集的素材其展现方式要统一，否则将出现色调和展现方式不统一的情况。图7-4所示为元宵节活动H5页面的相关素材，通过这些素材的组合即可实现最终效果。

图7-4　搜集的素材

🏠 7.2　元宵节活动H5页面的设计

在设计人员对元宵节活动内容有了具体的了解，并绘制好H5原型图后，即可运用搜集到的素材进行元宵节活动H5页面的设计与制作。

7.2.1　设计元宵节活动标题页

本小节将制作元宵节活动标题页。该页面以橙色为背景色，在素材的选择上，以生肖老鼠及鱼、汤圆、红包、灯笼、金币等素材为主，打造喜气洋洋的节日氛围，然后通过添加文字，展现活动的主题。具体操作如下。

微课视频

设计元宵节活动标题页

（1）启动Photoshop CC 2019，选择【文件】/【新建】命令，打开"新建文档"对话框，设置"名称""宽度""高度""分辨率"分别为"元宵节活动标题页""640""1240""72"，单击 创建 按钮，如图7-5所示。

（2）打开"图层"面板，单击"创建新图层"按钮 🖫，新建图层，在工具箱中选择"渐变工具" ▣，在工具属性栏中单击"点击可编辑渐变"色块，打开"渐变编辑器"对话框。单击右侧的滑动色块，单击"色标"栏中的"颜色"色块，打开"拾色器"对话框，设置颜色为"#d34524"，单击 确定 按钮，返回渐变编辑器。单击左侧的滑动色块，设置颜色为"#f1a461"，单击 确定 按钮，如图7-6所示。

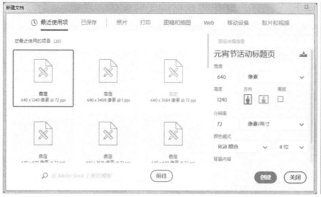

图7-5　创建空白页面　　　　　　　　　　图7-6　设置渐变颜色

（3）在工具属性栏中，单击"径向渐变"按钮▣，然后取消选中"反向"复选框，在图像编辑区的中间区域向下拖曳，填充径向渐变效果，如图7-7所示。

（4）打开"活动标题页素材.psd"素材文件（配套资源：\素材\第7章\活动标题页素材.psd）将其中的素材依次添加到背景中，调整位置和大小，效果如图7-8所示。

（5）打开"调整"面板，单击"曲线"按钮▦，打开"曲线"属性面板，在中间的调整框中单击，添加两个调整点，然后调整明暗对比度，效果如图7-9所示。

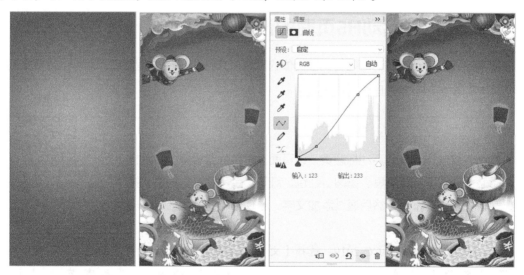

图7-7　添加渐变颜色　　　　图7-8　添加素材　　　　图7-9　调整明暗对比度

（6）选择所有图层，单击鼠标右键，在弹出的快捷菜单中选择"合并图层"命令，合并图层。

（7）选择"横排文字工具"T，在顶部输入"Lantern Festival"文字，打开"字符"面板，设置"字体""字号""字距""颜色"分别为"方正报宋_GBK""24""740""#ffffff"，单击"全部大写字母"按钮ᴛᴛ，效果如图7-10所示。

（8）选择"横排文字工具"T，在顶部分别输入"闹""元""宵"文字，打开"字符"

面板，设置"字体"为"方正特粗光辉简体"，并分别调整字体大小和位置，效果如图7-11所示。

（9）双击"闹"图层，打开"图层样式"对话框，单击选中"斜面和浮雕"复选框，在右侧设置"深度""大小""软化""角度""高度""高光模式不透明度""阴影颜色""阴影模式不透明度"分别为"396""5""7""-155""58""94""#ff4500""42"，如图7-12所示。

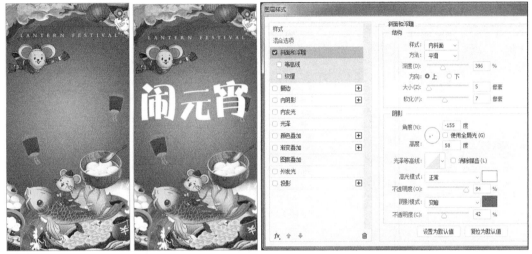

图7-10 输入英文文字 图7-11 输入中文文字　　图7-12 设置斜面和浮雕

（10）单击选中"描边"复选框，在右侧设置"大小""颜色"分别为"1""#fa963c"，如图7-13所示。

（11）单击选中"投影"复选框，在右侧设置"颜色""不透明度""角度""距离""大小"分别为"#f3682a""50""120""5""9"，单击 确定 按钮，如图7-14所示。

图7-13 设置描边参数　　　　　　　图7-14 设置投影参数

（12）选择"闹"图层，单击鼠标右键，在弹出的快捷菜单中选择"拷贝图层样式"命令，复制图层样式，如图7-15所示。

（13）选择"宵""元"图层，单击鼠标右键，在弹出的快捷菜单中，选择"粘贴图层样式"命令，粘贴图层样式，效果如图7-16所示。

（14）选择"横排文字工具" T，输入其他文字，设置"字体"为"方正大雅宋_GBK"，并调整字体大小、位置、字距、颜色和位置。

（15）选择"圆角矩形工具" T，在"点击参与活动"文字下侧绘制圆角矩形，并设置"填充"为"#e65d27"，"描边"为"#ffffff, 3点"，完成后的效果如图7-17所示。

（16）按【Ctrl+S】组合键，保存文件（配套资源：\效果\第7章\元宵节活动标题页.psd）。

图7-15　复制图层样式　　　　图7-16　粘贴图层样式　　　　图7-17　完成后的效果

7.2.2　设计元宵节活动内容页

本小节将制作元宵节活动内容页。该页面主要是对元宵节的习俗进行介绍，其背景制作还是采用活动标题页的制作方式，只是布局存在差别。具体操作如下。

（1）新建"名称""宽度""高度""分辨率"分别为"元宵节活动内容页""640""1240""72"的图像文件。

（2）使用活动页制作步骤（2）~（6）的方法添加背景和素材，如图7-18所示。

微课视频

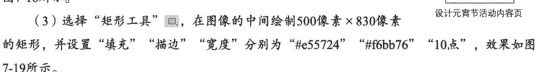

设计元宵节活动内容页

（3）选择"矩形工具" □，在图像的中间绘制500像素×830像素的矩形，并设置"填充""描边""宽度"分别为"#e55724""#f6bb76""10点"，效果如图7-19所示。

（4）选择"椭圆工具" ○，在工具属性栏中单击"路径操作"按钮 □，在打开的下拉列表中选择"减去顶层形状"选项，然后在矩形的左上角绘制圆，此时可发现绘制区域被减去，效果如图7-20所示。

（5）使用相同的方法，对矩形的其他3个角绘制圆，使其呈现出减去的状态，完成后的效果如图7-21所示。

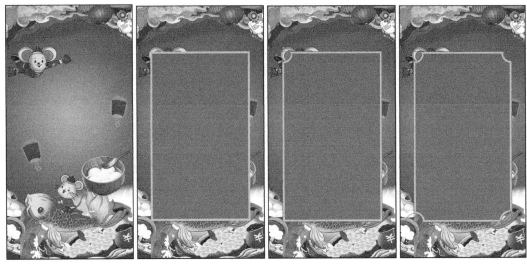

图7-18 添加背景素材　　图7-19 绘制矩形　　图7-20 减去绘制的圆　　图7-21 完成角的绘制

（6）打开"图层"面板，设置矩形的不透明度为"70%"，如图7-22所示，查看设置不透明度后的效果，如图7-23所示。

（7）双击形状所在图层，打开"图层样式"对话框，单击选中"斜面和浮雕"复选框，在右侧设置"深度""大小""软化""角度""高度""高光模式不透明度""阴影颜色""阴影模式不透明度"分别为"501""5""7""128""58""100""#d52f11""50"，如图7-24所示。

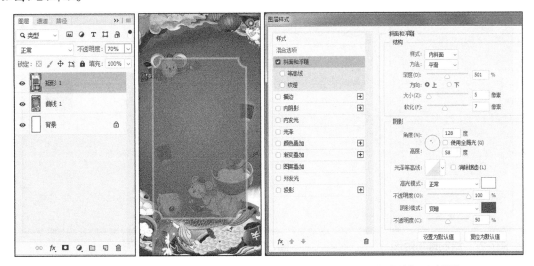

图7-22 设置不透明度　　图7-23 查看设置效果　　　图7-24 设置斜面和浮雕

（8）单击选中"内发光"复选框，在右侧设置"不透明度""杂色""颜色""阻塞""大小""范围""抖动"分别为"71""30""#ffffff""50""68""100""60"，如图7-25所示。

（9）单击选中"投影"复选框，在右侧设置"颜色""不透明度""角度""距离""扩展""大小"分别为"#040404""50""125""10""15""24"，单击 确定 按钮，如图7-26所示。

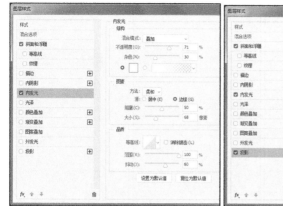
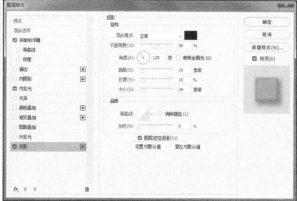

图7-25 设置描边参数　　　　图7-26 设置投影参数

（10）选择"圆角矩形工具" ，在形状的上侧绘制380像素×80像素的圆角矩形，并设置"填充""描边""宽度"分别为"#db3b19""#f6bb76""10点"，效果如图7-27所示。

（11）双击圆角矩形所在图层，打开"图层样式"对话框，单击选中"内阴影"复选框，在右侧设置"不透明度""角度""距离""阻塞""大小"分别为"44""120""18""14""16"，单击 确定 按钮，如图7-28所示。

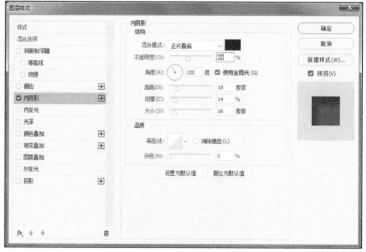

图7-27 绘制圆角矩形　　　　图7-28 为圆角矩形添加内阴影

（12）选择"横排文字工具" ，在顶部输入"认识元宵节"文字，打开"字符"面板，设置"字体""字号""字距""颜色"分别为"方正特粗光辉简体""45""150""#ffffff"，效果如图7-29所示。

（13）选择"圆角矩形工具" ，绘制436像素×624像素的圆角矩形，并设置"填充"为"#d73a19"，效果如图7-30所示。

（14）双击圆角矩形所在图层，打开"图层样式"对话框，单击选中"斜面和浮雕"复选框，在右侧设置"深度""大小""软化""角度""高度""高光模式不透明度""阴影颜色""阴影模式不透明度"分别为"521""9""6""140""48""45""#d52f11""0"，如图7-31所示。

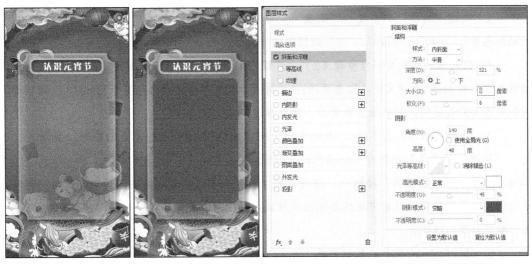

图7-29　输入文字　　图7-30　绘制圆角矩形　　　　　图7-31　设置斜面和浮雕参数

（15）单击选中"内发光"复选框，在右侧设置"不透明度""颜色""阻塞""大小""抖动"分别为"71""#4c4747""34""24""60"，单击 确定 按钮，如图7-32所示。

（16）选择"横排文字工具" ，在中间区域绘制文字选区，并输入如图7-33所示的文字，打开"字符"面板，设置"字体""字号""字距""颜色"分别为"方正经黑简体""26""0""#ffffff"。

（17）按【Ctrl+S】组合键，保存文件（配套资源：\效果\第7章\元宵节活动内容页.psd）。

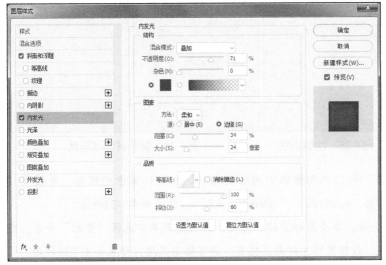

图7-32　设置内发光参数

图7-33　完成后的效果

7.2.3　设计元宵节活动红包页

本小节将制作元宵节活动红包页。该页面主要采用转盘的形式进行
展示。由于转盘可在后期添加互动动效时直接添加，这里不单独制作。
本例主要是对背景和标题文字进行制作。具体操作如下。

设计元宵节活动红包页

（1）新建"名称""宽度""高度""分辨率"分别为"元宵节
活动红包页""640""1240""72"的图像文件。

（2）使用活动标题页制作步骤（2）、步骤（3）的方法，制作渐变效果。打开"元宵节活
动红包页素材.psd"素材文件（配套资源：\素材\第7章\元宵节活动红包页素材.psd），将顶部素
材依次添加到背景中，调整位置和大小，效果如图7-34所示。

（3）选择"矩形工具"□，在图像的中间绘制590像素×820像素的矩形，并设置"填
充""描边""宽度"分别为"#bc4134""#f6bb76，12点"。选择"椭圆工具"○，在工具
属性栏中单击"路径操作"按钮□，在打开的下拉列表中选择"减去顶层形状"选项，然后在
矩形的左上角绘制圆，此时可发现绘制区域被减去，使用相同的方法，对矩形的其他3个角绘制
圆，效果如图7-35所示。

（4）按【Ctrl+J】组合键复制图层，按【Ctrl+T】组合键，将鼠标指针移动到右上角，向下
拖曳缩小图像，按【Enter】键完成缩小操作，并将其移动到图像的中间位置，然后将"描边"
修改为"#971004，4点"效果如图7-36所示。

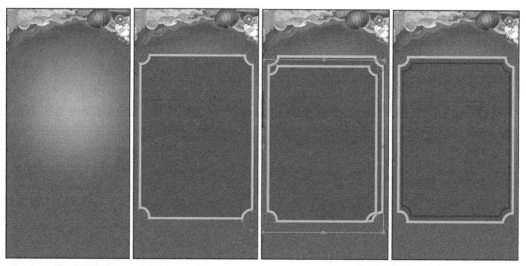

图7-34　添加背景素材　　图7-35　绘制形状　　图7-36　复制并调整形状

（5）选择"矩形工具"□，在图像的中间绘制500像素×110像素的矩形，并设置"填
充""描边""宽度"分别为"#d9512d""#f6bb76，6点"，效果如图7-37所示。

（6）按【Ctrl+T】组合键，单击鼠标右键，在弹出的快捷菜单中选择"变形"命令，然后
将鼠标指针移动到中间区域，按住鼠标左键向上拖曳，调整矩形弧度，效果如图7-38所示。

（7）单击鼠标右键，在弹出的快捷菜单中选择"斜切"命令，然后将鼠标指针移动到左右

综合案例 活动运营H5页面的设计与制作

两侧的顶部，拖曳鼠标使整个图像斜切变形，效果如图7-39所示。

（8）使用相同的方法，在矩形的上侧绘制带弧度的矩形，完成后的效果如图7-40所示。

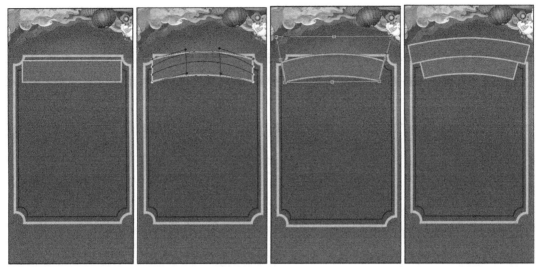

图7-37　绘制矩形　　　　图7-38　调整弧度　　　　图7-39　调整斜切角度　　　　图7-40　绘制其他形状

（9）双击最上侧的形状，打开"图层样式"对话框，单击选中"投影"复选框，在右侧设置"颜色""不透明度""角度""距离""扩展""大小"分别为"#77240b""40""120""14""18""35"，单击 确定 按钮，如图7-41所示。

（10）打开"调整"面板，单击"曲线"按钮 ，打开"曲线"属性面板，在中间的调整框中单击，添加两个调整点，调整明暗对比度。调整各个形状的位置，然后单击鼠标右键，在弹出的快捷菜单中选择"合并图层"命令，合并图层，如图7-42所示。

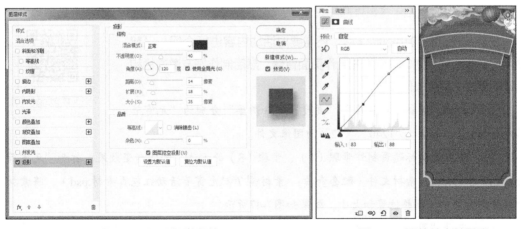

图7-41　设置投影参数　　　　　　　　　图7-42　调整并合并图层

（11）选择"横排文字工具" ，在图像的中间区域输入"元宵幸运锦鲤"文字，设置"字体"为"汉仪综艺体简"，调整字体的大小、位置和颜色，如图7-43所示。

（12）选择"元宵幸运锦鲤"文字，在工具属性栏中单击"创建文字变形"按钮 ，打开

"变形文字"对话框，在"样式"下拉列表中选择"扇形"选项，设置"弯曲"为"13"，单击 确定 按钮，完成后将变形的文字移动到上侧的矩形中，如图7-44所示。

（13）使用相同的方法，输入其他文字并对文字进行变形操作，效果如图7-45所示。

（14）打开"元宵节活动红包页素材.psd"素材文件（配套资源：\素材\第7章\元宵节活动红包页素材.psd），将其他素材依次添加到图像中，调整位置和大小，如图7-46所示。按【Ctrl+S】组合键，保存文件（配套资源：\效果\第7章\元宵节活动红包页.psd），查看完成后的效果。

图7-43　输入文字　　　图7-44　变形文字　　　图7-45　输入其他文字　　　图7-46　添加素材

7.2.4　设计元宵节活动介绍页

设计元宵节活动介绍页

在完成活动红包页的制作后，还需要对活动内容进行介绍，以帮助用户掌握活动规则。本例将先制作页面背景，然后制作好友邀请栏和活动规划栏。具体操作如下。

（1）新建"名称""宽度""高度""分辨率"分别为"元宵节活动介绍页""640""1240""72"的图像文件。

（2）使用活动标题页制作步骤（2）、步骤（3）的方法，制作渐变效果。打开"元宵节活动红包页素材.psd"素材文件（配套资源：\素材\第7章\元宵节活动红包页素材.psd），将素材依次添加到背景中，调整位置和大小，效果如图7-47所示。

（3）选择"圆角矩形工具" ，在图像的上侧绘制410像素×70像素的圆角矩形，并设置"填充""描边""宽度"为"#b44033""efb775""6像素"，效果如图7-48所示。

（4）双击圆角矩形所在图层，打开"图层样式"对话框，单击选中"描边"复选框，在右侧设置"大小""不透明度""颜色"分别为"1""34""#c27f19"，如图7-49所示。

图7-47 添加背景素材 　图7-48 绘制圆角矩形 　　图7-49 设置描边参数

（5）单击选中"投影"复选框，在右侧设置"颜色""不透明度""角度""距离""大小"分别为"#9f1f24""28""90""7""35"，单击 确定 按钮，如图7-50所示。

（6）使用元宵节活动内容页制作步骤（3）、步骤（4）的方法，制作形状效果，效果如图7-51所示。

（7）选择"矩形工具" ，在图像的中间绘制260像素×60像素的矩形，并设置"填充""描边""宽度"分别为"#b44033""#f6bb76，12点"。

（8）选择"椭圆工具" ，在工具属性栏中单击"路径操作"按钮 ，在打开的下拉列表中选择"合并形状"选项，然后在矩形的左侧绘制圆，此时可发现绘制区域已经与矩形形合并成一个整体，使用相同的方法，对矩形的其他区域合并圆，效果如图7-52所示。

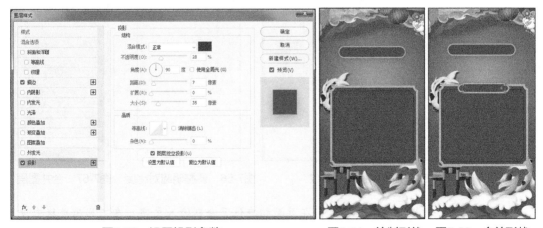

图7-50 设置投影参数 　　　图7-51 绘制形状 　图7-52 合并形状

（9）双击形状所在图层，打开"图层样式"对话框，单击选中"描边"复选框，在右侧设置"大小""不透明度""颜色"分别为"10""100""#248096"，如图7-53所示。

（10）单击选中"内阴影"复选框，在右侧设置"不透明度""角度""距离""大小"分别为"64""120""9""40"，如图7-54所示。

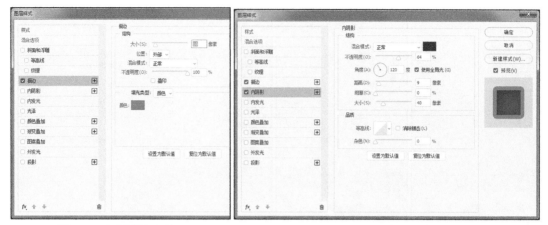

图7-53　设置描边参数　　　　　　图7-54　设置内阴影参数

（11）单击选中"投影"复选框，在右侧设置"颜色""不透明度""角度""距离""扩展""大小"分别为"#8e3822""59""114""12""7""43"，单击 确定 按钮，如图7-55所示。

（12）打开"调整"面板，单击"曲线"按钮，打开"曲线"属性面板，在中间的调整框中单击，添加两个调整点，拖曳鼠标调整明暗对比度，如图7-56所示。调整各个形状的位置，然后单击鼠标右键，在弹出的快捷菜单中选择"合并图层"命令，合并图层，效果如图7-57所示。

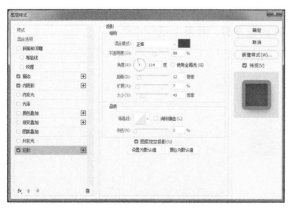

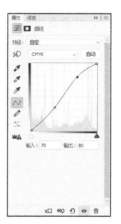

图7-55　设置"投影"参数　　　图7-56　调整明暗对比度　　图7-57　合并图层

（13）选择"横排文字工具" T ，在页面相应位置分别输入文字，在工具属性栏中设置"字体"为"思源黑体 CN"，再分别设置"颜色"为"#f7f5af""#ffffff"，如图7-58所示。

（14）双击"分享给好友……"文字所在图层，打开"图层样式"对话框，单击选中"投影"复选框，在右侧设置"颜色""不透明度""角度""距离""扩展""大小"分别为

"#8e3822" "40" "114" "7" "7" "13"，单击 确定 按钮，如图7-59所示。

（15）按【Ctrl+S】组合键，保存文件（配套资源：\效果\第7章\元宵节活动内容页.psd），查看完成后的效果，如图7-60所示。

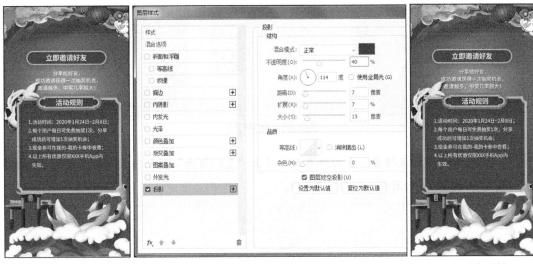

图7-58　输入文字　　　　图7-59　设置投影参数　　　　图7-60　查看效果

　　完成所有H5页面的制作后，为了方便制作动效，可先将页面中有图层样式的图层栅格化处理，使页面以图层的方式进行展现。

7.3　元宵节活动H5页面的动效制作与发布

　　在完成元宵节活动H5页面设计后，可使用人人秀进行动效的制作与发布。在进行动效的设计前，需要先将PSD图像文件导入人人秀，然后根据H5原型图中对动效的需求进行制作，完成后添加音效并在微信中进行发布。

7.3.1　为元宵节活动H5页面添加动效

　　操作时，首先需要在人人秀中导入PSD图像文件，然后依次添加动效。在添加动效的过程中需要为活动红包页添加转盘互动，并进行内容的设置，完成后要求整个页面具有连贯性。具体操作如下。

　　（1）登录人人秀官方网站，进入人人秀首页页面，单击"创建活动"选项，打开"创建活动"对话框，单击"空白活动"按钮，进入人人秀动效编辑页面，如图7-61所示。

微课视频

为元宵节活动H5页面
添加动效

151

图7-61　创建活动

（2）此时左侧列表将显示空白的页面，单击"复制页面"按钮 ，或是单击 添加页面 ··· 按钮，添加3个相同的空白页面，如图7-62所示。

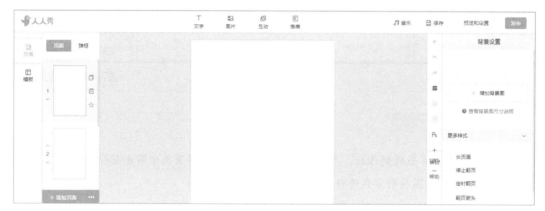

图7-62　添加空白页面

（3）在右侧列表中，单击"PS"按钮 ，打开"PSD导入"对话框，如图7-63所示，单击"上传PSD文件"按钮 ，打开"打开"对话框，将"元宵节活动标题页.psd"，添加到页面中，调整图像位置。

图7-63　打开"PSD导入"对话框

（4）此时可发现图像已经在页面中间区域进行显示，使用相同的方法添加其他页面，然后选择最上侧的页面，并选择最上侧的文字，在页面右侧列表中单击“动画”选项卡，然后单击 + 添加动画 按钮，如图7-64所示。

（5）在打开的面板中，设置“延迟”为“1s”，“持续”为“2s”，然后在“动画”下拉列表中选择“缩放”选项，设置动画样式为“由小到大”，如图7-65所示。

图7-64　添加动画

图7-65　设置动画效果

（6）选择“闹”文字，在页面右侧列表中单击“动画”选项卡，单击 + 添加动画 按钮，在打开的页面中设置“延迟”为“2s”，“持续”为“3s”，然后在“动画”下拉列表中选择“飞入”选项，并设置动画样式为“向左”箭头。单击“高级动画”选项卡，单击选中“重力感应”复选框，设置“感应强度”为“5”，如图7-66所示。

（7）使用相同的方法对“元”“宵”文字添加“闹”相同的动效。然后选择“农历正月十五元宵节”文字，单击 + 添加动画 按钮，设置“延迟”为“5s”，“持续”为“2s”，然后在“动画”下拉列表中选择“渐入”选项，并设置动画样式为“向下”箭头，如图7-67所示。

图7-66　添加“闹”动画

图7-67　设置其他文字动画

（8）选择“点击参与活动”文字，单击“点击”选项卡，在第一个下拉列表中选择“跳转页面"，在第2个下拉列表中选择"第2页"选项，如图7-68所示。

（9）选择第2页，在中间区域选择形状图层，单击"动画"选项卡，然后单击 添加动画 按钮，在打开的页面中设置"延迟"为"5s"，"持续"为"3s"，然后在"动画"下拉列表中选择"呼吸"选项，如图7-69所示。

图7-68 设置文字的点击动画　　　　　　图7-69 设置形状动画

（10）选择圆角矩形，单击"动画"选项卡，单击 添加动画 按钮，在打开的页面中设置"延迟"为"5s"，"持续"为"2s"，然后在"动画"下拉列表中选择"渐入"选项，并设置动画样式为"向下"箭头，如图7-70所示。

（11）选择"认识元宵节"文字，单击"动画"选项卡，单击 添加动画 按钮，在打开的页面中设置"延迟"为"3s"，"持续"为"4s"，然后在"动画"下拉列表中选择"刹车"选项，设置动画样式为"向左"箭头，如图7-71所示。

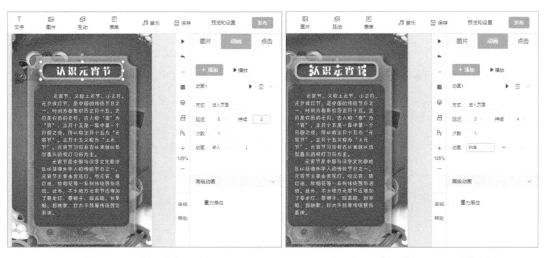

图7-70 设置圆角矩形动画　　　　　　图7-71 设置"认识元宵节"动画

（12）选择下侧所有文字，单击"动画"选项卡，单击 添加动画 按钮，在打开的页面中设置

"延迟"为"3s"，"持续"为"4s"，然后在"动画"下拉列表中选择"强调"选项，如图7-72所示。

（13）选择第3页，选择最上侧的文字，单击"动画"选项卡，单击 +添加动画 按钮，在打开的页面中设置"延迟"为"1s"，"持续"为"3s"，然后在"动画"下拉列表中选择"渐入"选项，并设置动画样式为"向下"箭头，如图7-73所示。使用相同的方法对下侧的文字添加相同的动画。

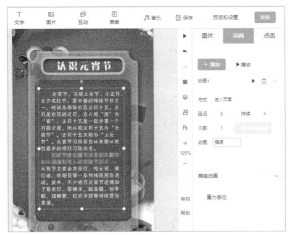
图7-72 对其他文字添加动画

图7-73 对文字添加动画

（14）单击"互动"选项卡，打开"互动"面板，在下侧的列表中选择"抽奖"选项，如图7-74所示。

（15）打开"基本设置"页面，在该页面中可对活动名称、活动时间、活动玩法等进行设置。本例中为了让用户体验互动性，因此其活动时间设置的较长，用户在设置时可根据活动的具体时间进行设置，如图7-75所示。

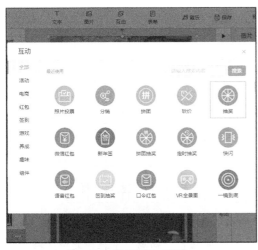
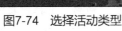
图7-74 选择活动类型

图7-75 设置活动时间

（16）选择第一个"谢谢参与"后的"编辑"超链接，打开"修改"面板，在"奖品名称"文本框中输入"餐巾纸"，在"类型"下拉列表中选择"实物"选项，在"奖品数量"文本框中输入"10000"，然后在"中奖概率"文本框中输入"40"，单击 确定 按钮，如图7-76所示。

（17）选择第2个"谢谢参与"后的"编辑"超链接，打开"修改"面板，单击奖品图片，打开"图片库"面板，单击"红包"选项卡，在其中选择需要的红包样式，如图7-77所示。

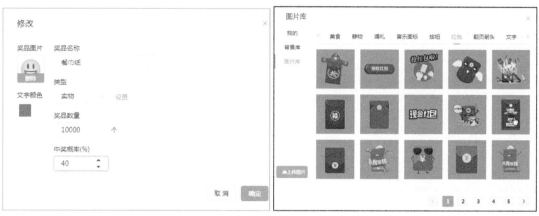

图7-76　修改奖品内容　　　　　　　　图7-77　选择红包样式

（18）返回"修改"面板，在"奖品名称"文本框中输入"洗衣粉"，在"类型"下拉列表中选择"实物"选项，在"奖品数量"文本框中输入"1000"，然后在"中奖概率"文本框中输入"4"，单击 确定 按钮，如图7-78所示。

（19）使用相同的方法，对奖品进行设置，完成后单击 确定 按钮，如图7-79所示。

图7-78　修改奖品内容　　　　　　　　图7-79　设置其他奖品

（20）选择第4页，选择最上侧的文字，单击"动画"选项卡，然后单击 +添加动画 按钮，在打开的页面中设置"延迟"为"1s"，"持续"为"2s"，然后在"动画"下拉列表中选择"移入"选项，然后设置动画样式为"向上"箭头，如图7-80所示。使用相同的方法对下侧的文字添加相同的动画。

（21）在右侧单击 ▶ 按钮，可对动画进行播放。

图7-80 设置文字动效

7.3.2 为元宵节活动H5页面添加音效

为元宵节活动H5页面添加完动效后，还可根据页面内容为其添加音效。本例将添加音乐库中自带的喜洋洋音效。具体操作如下。

（1）选择第1页，单击"更多样式"右侧的下拉按钮 ∨，单击选中"翻页箭头"复选框，单击其下侧的"图片"按钮，打开"图片库"面板，单击"图片库"选项卡，然后在右侧选择向下的图标，单击"应用到所有页面"超链接，完成翻页箭头的添加，如图7-81所示。

（2）在页面的上侧，单击"音乐"按钮 ♫，在打开的下拉列表中单击 更换 按钮，如图7-82所示。

微课视频

为元宵节活动H5页面
添加音效

图7-81 选择箭头图标   图7-82 更换音乐

（3）打开"音乐库"面板，单击"音乐库"选项卡，然后在上侧单击"节日"选项卡，在下侧单击 ⊙ 按钮，可播放音乐，单击 ⊙ 按钮可完成音乐的添加，如图7-83所示。

（4）返回图像编辑区，然后单击"音乐"按钮♫，可发现其下侧已经添加了选择的音乐，如图7-84所示。

图7-83　选择音乐

图7-84　查看添加的音乐

7.3.3　发布元宵节活动H5页面

为元宵节活动H5页面添加完音效后，即可发布完成后的H5页面。发布前可对翻页方向进行设置，然后设置分享标题，并生成二维码方便页面的传播。具体操作如下。

微课视频

发布元宵节活动H5页面

（1）在页面的顶部单击 预览和设置 按钮，在打开的页面中可预览设置后的活动页面效果，单击"高级设置"选项卡，在"翻页方向"下拉列表中选择"上下翻页"，然后在"翻页动画"下拉列表中选择"移动翻页"选项，单击 发布 按钮，如图7-85所示。

（2）打开"发布"页面，在"分享标题"栏下的文本框中输入"闹元宵H5活动页面"，单击 确定 按钮，如图7-86所示。

图7-85　高级设置

图7-86　设置发布内容

（3）进入分享页面，可发现中间有二维码和网址，用户只需扫描二维码即可进行H5页面的分享，单击 复制 按钮，可复制内容进行分享。完成后的效果如图7-87所示。

图7-87　分享二维码

7.4 项目实训

经过前面的学习，读者对H5活动运营页面的设计与制作方法有了一定的了解，下面可通过项目实训的形式巩固学习。

项目一▶制作会议邀请函H5页面

❁ 项目目的

运用本章所学知识，使用Photoshop制作会议邀请函H5页面。该H5页面主要由4个页面图组成。制作会议邀请函H5页面需要先制作邀请函首页，再进行公司简介页、会议流程页的制作，最后制作公众号页面。制作完成的会议邀请函H5页面不但要将邀请内容体现出来，还要具备美观性。完成后的参考效果如图7-88所示。

图7-88　会议邀请函H5页面的参考效果

⊛ 制作思路

（1）制作会议邀请函H5页面1。新建"名称""宽度""高度""分辨率"分别为"会议邀请函H5页面1""640""1240""72"的图像文件。

（2）打开"会议邀请函素材.psd"素材文件（配套资源：\素材\第7章\会议邀请函素材.psd），将背景1和矢量图拖曳到图像中，调整大小和位置。

（3）选择"横排文字工具" <kbd>T</kbd>，输入文字，设置"字体"为"方正粗倩简体"，调整字体大小、位置和颜色。

（4）选择"直线工具" <kbd>/</kbd>、"多边形工具" <kbd>○</kbd>在文字的中间区域绘制直线和三角形。

（5）制作会议邀请函H5页面2。新建"名称""宽度""高度""分辨率"分别为"会议邀请函H5页面2""640""1240""72"的图像文件。

（6）在打开的"会议邀请函素材.psd"素材文件中，将背景2和图片拖曳到图像中，调整大小和位置。选择"横排文字工具" <kbd>T</kbd>，分别输入文字，设置"字体"为"方正仿宋简体""方正粗黑宋简体"，调整字体大小、位置和颜色。

（7）制作会议邀请函H5页面3。新建"名称""宽度""高度""分辨率"分别为"会议邀请函H5页面3""640""1240""72"的图像文件。使用相同的方法添加背景图片，并分别输入文字，然后设置"字体"为"方正仿宋简体""方正粗黑宋简体"，调整字体大小、位置和颜色。

（8）制作会议邀请函H5页面4。新建"名称""宽度""高度""分辨率"分别为"会议邀请函H5页面4""640""1240""72"的图像文件。使用相同的方法添加背景图片，并输入文字，然后设置"字体"为"方正粗黑宋简体"，调整字体大小、位置和颜色。最后添加二维码效果，完成后保存图像。

项目二▶制作会议邀请函H5页面动效

⊛ 项目目的

运用本章所学知识，使用人人秀制作会议邀请函H5页面动效。在制作时除了要将会议邀请函内容展现出来，还要通过动效的形式让页面更具动感。完成后的参考效果如图7-89所示。

微课视频

7.4 项目二

⊛ 制作思路

（1）登录人人秀官方网站，进入人人秀首页页面，单击"创建活动"选项，打开"创建活动"对话框，单击"空白活动"按钮 ⊡，进入人人秀动效编辑页面。

（2）此时左侧列表将显示空白的页面，单击"复制页面"按钮 ▯，或是单击 ⊞添加页面 ⋯ 按钮，添加3个相同的空白页面。

（3）在右侧列表中，单击"PS"按钮 ▯，打开"PSD导入"对话框，单击"上传PSD文件"按钮 ，打开"打开"对话框，分别将"会议邀请函H5页面1.psd""会议邀请函H5页面2.psd""会议邀请函H5页面3.psd""会议邀请函H5页面4.psd"素材文件（配套资源：\效果\第7章\会议邀请函H5页面1.psd、会议邀请函H5页面2.psd、会议邀请函H5页面3.psd、会议邀请函H5页面4.psd）添加到页面中，调整图像位置。

（4）此时可发现图像已经在页面中间区域进行显示，使用相同的方法添加其他页面。

（5）然后选择第1页，选择中间形状，在页面右侧列表中单击"动画"选项卡，然后单击 添加动画 按钮，设置"延迟"为"1s"，"持续"为"2s"，然后在"动画"下拉列表中选择"呼吸"选项。

（6）选择形状下侧的文字，在页面右侧列表中单击"动画"选项卡，然后单击 添加动画 按钮，设置"延迟"为"0s"，"持续"为"2s"，然后在"动画"下拉列表中选择"飞入"选项，并设置箭头方向为向左。

（7）选择第2页，选择"公司简介"文字，在页面右侧列表中单击"动画"选项卡，然后单击 添加动画 按钮，设置"延迟"为"0s"，"持续"为"2s"，然后在"动画"下拉列表中选择"刹车"选项。

（8）选择第3页，选择"会议流程"文字，在页面右侧列表中单击"动画"选项卡，然后单击 添加动画 按钮，设置"延迟"为"0s"，"持续"为"2s"，然后在"动画"下拉列表中选择"转轴"选项并设置箭头方向为向左。

（9）选择下侧第1个文字，在页面右侧列表中单击"动画"选项卡，然后单击 添加动画 按钮，设置"延迟"为"0s"，"持续"为"1s"，然后在"动画"下拉列表中选择"飞入"选项并设置箭头方向为向左。

（10）选择下侧第2个文字，在页面右侧列表中单击"动画"选项卡，然后单击 添加动画 按钮，设置"延迟"为"1s"，"持续"为"1s"，然后在"动画"下拉列表中选择"飞入"选项并设置箭头方向为向左，使用相同的方法对其他文字添加动画。注意延迟主要根据文字持续增加。

（11）选择第4页，对文字和图片，添加动画，并设置"延迟"为"2s"，"持续"为"3s"，然后在"动画"下拉列表中选择"落下抖动"选项。

（12）选择第1页，单击"更多样式"右侧的下拉按钮 ，单击选中"翻页箭头"复选框，单击其下侧的图片，打开"图片库"面板，单击"图片库"选项卡，然后在右侧选择向下的图标，单击选择的图标，完成图标的选择，再单击"应用到所有页面"超链接，完成箭头的添加。

（13）在页面的上侧，单击"音乐"按钮 ，在打开的下拉列表中，单击 更换 按钮。

（14）打开"音乐库"面板，单击"音乐库"选项卡，然后在上侧单击"舒缓"选项卡，在下侧单击 ⊳ 按钮，可播放音乐，单击 ⊙ 按钮完成音乐的添加。

（15）在页面的顶部单击 预览和设置 按钮，在打开的页面中可预览设置后的活动页面效果，单

击 发布 按钮，打开"发布"页面，在"分享标题"栏下的文本框中输入"会议邀请函H5页面"，单击 确定 按钮。

（16）进入分享页面，可发现中间有二维码和网址，用户只需扫描二维码即可进行H5页面的分享，单击 复制 按钮，可复制内容进行分享。

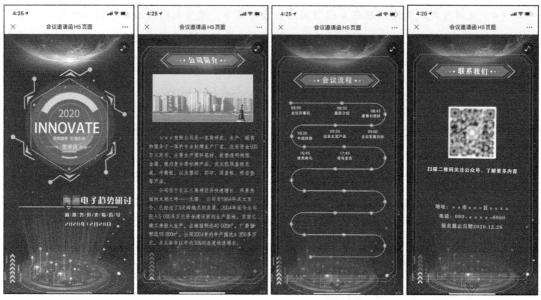

图7-89　会议邀请函动效的参考效果

 实战演练

本练习将使用素材文件（配套资源：\素材\第7章\端午节活动页面素材.psd）制作端午节活动H5页面。使用Photoshop将H5页面分为首页、活动内容和活动介绍3个部分进行制作（配套资源：\效果\第7章\端午节活动页面\）。制作完成后使用人人秀制作动效并进行发布。完成后的参考效果如图7-90所示。

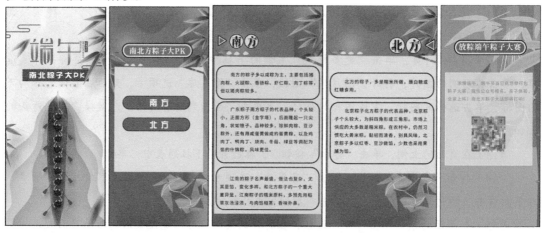

图7-90　端午节活动H5页面

Chapter 8

第8章
综合案例 产品推广H5
页面的设计与制作

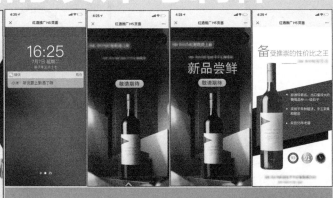

8.1 制作产品推广H5页面的前期准备

8.2 产品推广H5页面的设计

8.3 产品推广H5页面的动效制作与发布

	学习引导		
	知识目标	能力目标	情感目标
学习目标	1. 了解制作产品推广H5页面的前期准备 2. 掌握产品推广H5页面的设计 3. 掌握产品推广H5页面的动效制作与发布	1. 掌握产品推广H5页面首页、内页、尾页的设计方法 2. 掌握产品推广H5页面的动效设计与发布方法	1. 培养产品推广类H5页面的设计能力 2. 培养自主创新能力
实训项目	1. 制作红酒推广H5页面 2. 制作红酒推广H5页面动效		

产品推广是企业针对营销产品常用的推广方式之一。设计人员在制作前需要先明晰前期准备工作，然后再对页面进行设计，最后进行动效的设计与发布。图8-1所示为某口红推广H5页面完成后的效果。

图8-1　某口红推广H5页面效果

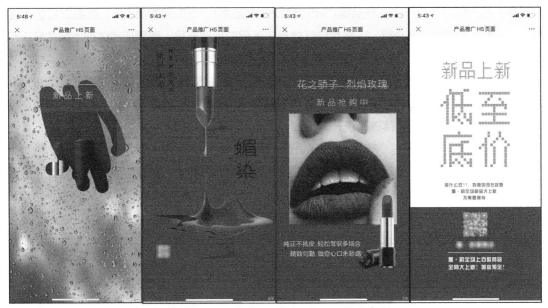

图8-1 某口红推广H5页面效果（续）

8.1 制作产品推广H5页面的前期准备

微课视频

产品推广H5页面主要用于展现产品内容和促销信息。在设计产品推广H5页面前需要先对页面进行构思，然后绘制H5原型图，最后搜集页面素材。

产品推广H5页面
设计构思

8.1.1 产品推广H5页面设计构思

本节将以口红产品为例讲解产品推广H5页面的设计构思。该产品推广H5页面分为8个页面，每个页面的设计构思如下。

- 指纹开屏页面。指纹开屏页面是产品推广H5页面的第1页，用于吸引用户注意，使用户继续浏览。在进行指纹开屏页面的设计时，只需在人人秀编辑页面中添加互动即可。将背景替换为与口红相关的素材，以更加契合产品推广的主题。

- 微信对话页面。微信对话页面是产品推广H5页面的第2页，主要起到点明主题的作用。设计微信对话情节将用户带入到上新活动中，使用户了解活动内容。该对话的具体内容可根据促销信息进行添加。

- 矢量人物过渡页面。矢量人物过渡页面是产品推广H5页面的第3页，主要起到页面过渡的作用。该图片可以是单个的背景，也可以是单个的矢量人物。为人物添加动效，使页面更具动感、更具吸引力。

- 产品推广H5页面1。产品推广H5页面1是产品推广H5页面的第4页，是展现产品内容的第1页。在设计时可先添加背景，然后通过矩形和文字的形式，展现产品推广内容。在动效设计上，可直接对文字添加动效，让整个画面更具有动感。

165

- 产品推广H5页面2。产品推广H5页面2是产品推广H5页面的第5页。页面以红色为主色，上侧为文字介绍，下侧为口红效果，不但能展现产品，而且还能体现上新内容。可添加"擦一擦"动效，通过涂抹的形式展现页面内容。

- 产品推广H5页面3。产品推广H5页面3是产品推广H5页面的第6页。该页面以竖线为设计点，主要体现口红的色彩，在文字上只需添加上新内容即可。此外，可对文字添加落下抖动效，使整体效果统一、协调。

- 产品推广H5页面4。产品推广H5页面4是产品推广H5页面的第7页。页面以红色为主色，上侧为产品说明，下侧为口红的使用效果图。此外，可对文字添加滑动动效，提升页面的动感。

- 产品推广H5页面5。产品推广H5页面5是产品推广H5页面的第8页。该页面是产品推广H5页面的结尾部分，用以传达促销信息。

微课视频

8.1.2　绘制产品推广H5页面原型图

本小节根据对产品推广H5页面的设计构思，进行H5原型图的绘制。图8-2所示为产品推广H5页面原型图，对页面的布局方式和动效进行了说明。

绘制产品推广H5
页面原型图

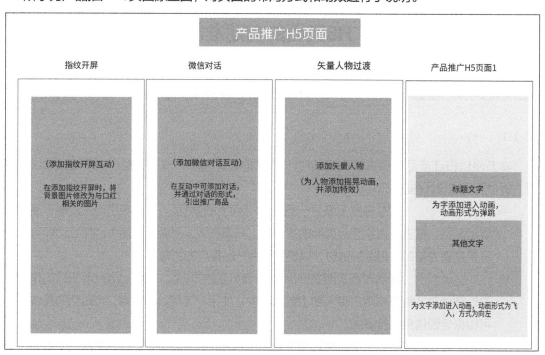

图8-2　产品推广H5页面原型图

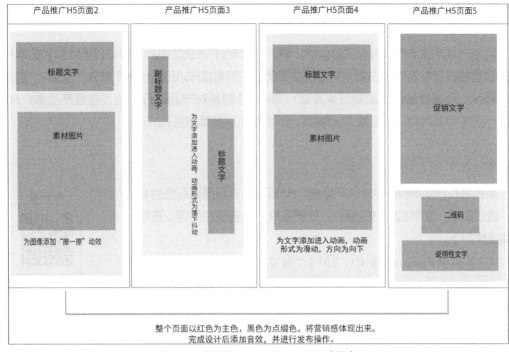

图8-2 产品推广H5页面原型图（续）

8.1.3 搜集产品推广H5页面素材

微课视频

搜集产品推广H5
页面素材

在产品推广H5页面中，图文、音频等元素可以帮助用户了解产品内容。因此在设计前，需要先拍摄产品图片，同时要有实物场景图片，并体现出使用效果。除此之外，还可搜集带纹理的烟雾、印章及与口红相关的矢量图片，便于后期的制作。注意：搜集的素材类型要相同，否则将会出现素材不匹配的情况。图8-3所示为与口红相关的素材，通过这些素材的组合即可实现页面效果。

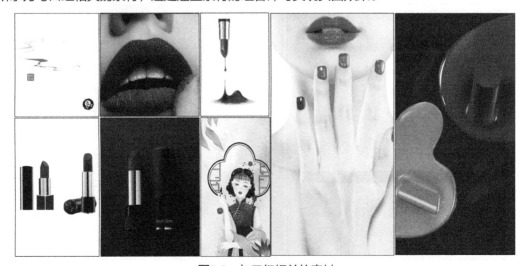

图8-3 与口红相关的素材

8.2 产品推广H5页面的设计

当用户对产品推广内容有了具体的了解，并绘制好H5原型图后，即可根据搜集到的素材进行H5页面的设计与制作。在制作时可根据页面的不同将该H5页面分为4个部分：前面3个部分为动效制作，可直接通过添加交互来完成；第4部分则是对产品进行介绍，包括产品推广H5首页、产品推广H5内页、产品推广H5尾页。下面重点讲解第4部分。

8.2.1 设计产品推广H5首页

本例将在Photoshop中制作产品推广H5首页。该页面以红色为背景色，通过矩形、文字和素材的组合，使产品推广内容更加简明、直观。具体操作如下。

微课视频

设计产品推广H5首页

（1）启动Photoshop CC 2019，新建"名称""宽度""高度""分辨率"分别为"产品推广H5页面1""640""1240""72"的图像文件，单击 创建 按钮。

（2）打开"图层"面板，单击"创建新图层"按钮 ，新建图层，在工具箱中选择"渐变工具" ，在工具属性栏中单击"点击可编辑渐变"色块，打开"渐变编辑器"对话框，如图8-4所示，单击左侧的色块，单击"色标"栏中的"颜色"色块，打开"拾色器"对话框，设置颜色为"#d12d41"，单击 确定 按钮，返回渐变编辑器，选择右侧的滑动色块，设置颜色为"#890f1e"，单击 确定 按钮。

（3）在工具属性栏中，单击"径向渐变"按钮 ，然后单击选中"反向"复选框，在图像编辑区至上而下拖曳鼠标，填充径向渐变效果，如图8-5所示。

（4）新建图层，将前景色设置为"#000000"，按【Alt+Delete】组合键填充图层，然后设置"图层混合模式"为"叠加"，"不透明度"为"90%"，效果如图8-6所示。

图8-4 设置渐变颜色 　　　　图8-5 填充径向渐变 　　　图8-6 叠加颜色

（5）打开"产品推广H5页面素材.psd"素材文件（配套资源：\素材\第8章\产品推广H5页面素材.psd），将其中的人物素材添加到背景中，调整位置和大小，效果如图8-7所示。

（6）选择"矩形工具"□，在图像的中间绘制540像素×700像素的矩形，并设置"填充"为"#bd0713"，效果如图8-8所示。

（7）选择"横排文字工具"T，在矩形的顶部输入"当红不让"文字，打开"字符"面板，设置"字体""字号""字距""颜色"分别为"方正稚艺_GBK""125""40""#000000"，效果如图8-9所示。

（8）选择"椭圆工具"○，在"让"字的右侧绘制直径为18像素的正圆，取消填充，并设置"描边""宽度"为"#000000""3点"，效果如图8-10所示。

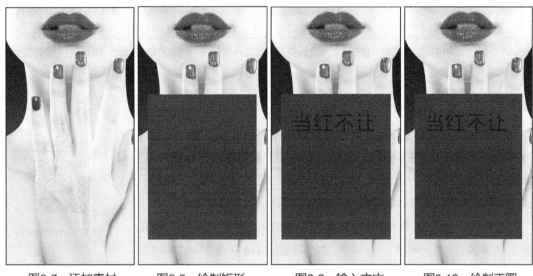

图8-7　添加素材　　　图8-8　绘制矩形　　　图8-9　输入文字　　　图8-10　绘制正圆

（9）选择"矩形工具"□，在文字下侧的中间位置处绘制350像素×40像素的矩形，并设置"填充"为"#000000"。

（10）选择"横排文字工具"T，在矩形中输入"红管丝绒哑光正品口红"文字，在工具属性栏中设置"字体""字号""颜色"分别为"思源黑体 CN""32""#c1031a"，效果如图8-11所示。

（11）选择"横排文字工具"T，在矩形下侧输入"lipstick"文字，打开"字符"面板，设置"字体""字号""颜色"分别为"思源黑体 CN""93""#000000"，调整位置和间距，单击"全部大写字母"按钮TT，效果如图8-12所示。

（12）选择"横排文字工具"T，输入其他文字，设置"字体"为"思源黑体 CN"，调整字体大小、位置和颜色，效果如图8-13所示。

（13）在打开的"产品推广H5页面素材.psd"素材文件中，将正品素材和口红添加到页面中，调整位置和大小，完成后的效果如图8-14所示。

（14）按【Ctrl+S】组合键，保存文件（配套资源：\效果\第8章\产品推广H5页面1.psd）。

图8-11　绘制矩形并输入文字　图8-12　输入英文　图8-13　输入其他文字　图8-14　完成后的效果

8.2.2　设计产品推广H5内页

产品推广H5内页主要是对产品的具体内容进行介绍。整个内页分为3个部分，第1部分主要展示口红效果，并对产品信息进行介绍；第2部分是对口红的颜色进行展示；第3部分展示口红的试色效果，在展示过程中添加了推广文字，以吸引用户浏览与点击。具体操作如下。

微课视频

设计产品推广H5内页

（1）第1部分。启动Photoshop CC 2019，新建"名称""宽度""高度""分辨率"分别为"产品推广H5页面2""640""1240""72"的图像文件，单击 创建 按钮。

（2）新建图层，将前景色设置为"#bd0713"，按【Alt+Delete】组合键填充图层，选择"横排文字工具" T ，输入图8-15所示的文字，在工具属性栏中设置"字体""颜色"分别为"思源黑体 CN""#fdefe2"，调整字体大小、间距、位置。

（3）选择"直线工具" ／ ，在"非凡哑光　非凡显色"文字下侧绘制直线，并设置"描边"为"#fdefe2"。选择"矩形工具" □ ，在图像编辑区的右侧绘制217像素×427像素的矩形，并设置"填充"为"#040000"，效果如图8-16所示。

（4）在打开的"产品推广H5页面素材.psd"素材文件中，将口红素材添加到矩形上侧，调整位置和大小，效果如图8-17所示。

（5）选择矩形图层，设置"不透明度"为"15%"。按【Ctrl+S】组合键，保存文件（配套资源：\效果\第8章\产品推广H5页面2.psd），效果如图8-18所示。

（6）第2部分。新建"名称""宽度""高度""分辨率"分别为"产品推广H5页面3""640""1240""72"的图像文件，单击 创建 按钮。

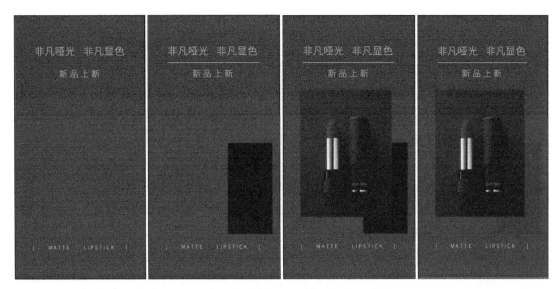

图8-15 输入文字　　图8-16 绘制直线和矩形　　图8-17 添加素材　　图8-18 完成后的效果

（7）新建图层，将前景色设置为"#bd0713"，按【Alt+Delete】组合键填充图层。在打开的"产品推广H5页面素材.psd"素材文件中，将口红和纹理素材添加到图像中，调整位置和大小，效果如图8-19所示。

（8）选择"直排文字工具" IT.，输入图8-20所示的文字，在工具属性栏中设置"字体""颜色"分别为"方正铁筋隶书_GBK""#090808"，调整字体大小、间距、位置。

（9）双击"媚染"图层右侧的空白处，打开"图层样式"对话框，单击选中"投影"复选框，在右侧设置"颜色""不透明度""角度""距离""扩展""大小"分别为"#770505""30""120""7""10""5"，单击 确定 按钮，如图8-21所示。

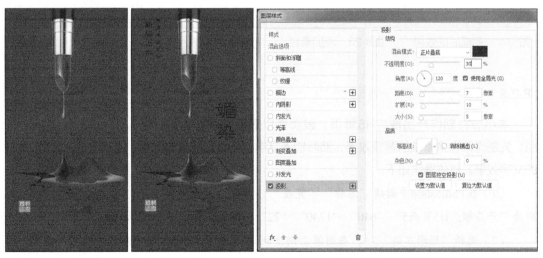

图8-19 添加素材　　图8-20 输入文字　　图8-21 设置投影参数

（10）按【Ctrl+S】组合键，保存文件（配套资源：\效果\第8章\产品推广H5页面3.psd），效果如图8-22所示。

（11）第3部分。新建"名称""宽度""高度""分辨率"分别为"产品推广H5页面4""640""1240""72"，单击 创建 按钮。

（12）新建图层，将前景色设置为"#bd0713"，按【Alt+Delete】组合键填充图层，在打开的"产品推广H5页面素材.psd"素材文件中，将口红和涂抹素材添加到页面中，调整位置和大小，效果如图8-23所示。

（13）选择"横排文字工具" T.，分别输入图8-24所示的文字，在工具属性栏中设置"字体"为"思源黑体CN""方正稚艺简体"，调整字体大小、颜色、间距、位置。

（14）选择"直线工具" /，在"花之骄子 烈焰玫瑰"文字下侧绘制直线，并设置"描边"为"#fdefe2"，效果如图8-25所示。

（15）按【Ctrl+S】组合键，保存文件（配套资源：\效果\第8章\产品推广H5页面4.psd）。

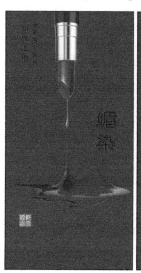   

图8-22 完成后的效果　　图8-23 添加素材　　图8-24 输入文字　　图8-25 绘制直线

8.2.3 设计产品推广H5尾页

本小节将制作产品推广H5尾页。该页面以像素图块作为设计要点，先制作带有像素块的背景效果，然后输入文字，使其形成填充像素的文字效果。具体操作如下。

微课视频

设计产品推广H5尾页

（1）在Photoshop中新建"名称""宽度""高度""分辨率"分别为"产品推广H5页面5""640""1240""72"的图像文件，单击 创建 按钮。

（2）选择"矩形工具" □，在图像上侧绘制640像素×800像素的矩形，并设置"填充"为"#ffffff"。再次选择"矩形工具" □，在矩形的下侧绘制640像素×440像素的矩形，并设置"填充"为"#bd0713"，效果如图8-26所示。

（3）双击白色的矩形所在图层，打开"图层样式"对话框，单击选中"图案叠加"复选框，在右侧设置"不透明度""图案""缩放"分别为"9""网格1（8像素×8像素，RGB模式）""155"，单击 确定 按钮，效果如图8-27所示。

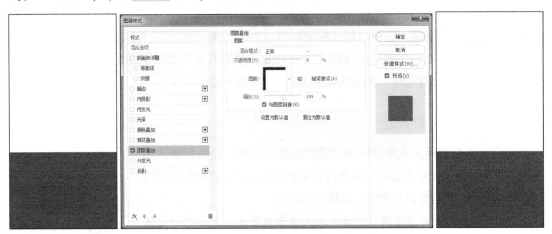

图8-26 绘制矩形 图8-27 添加图案叠加

（4）选择"横排文字工具" T.，输入图8-28所示的文字，在工具属性栏中设置"字体"为"方正像素12"，"颜色"为"#c8816d"，调整字体大小、间距、位置。

（5）选择"横排文字工具" T.，分别输入图8-29所示的文字，在工具属性栏中设置"字体"为"汉仪综艺体简"，"颜色"为"#ae5556""#fafadf"，调整字体大小、位置，然后居中对齐文字。

（6）在打开的"产品推广H5页面素材.psd"素材文件中，将二维码素材添加到红色矩形中，调整位置和大小，效果如图8-30所示。

（7）选择"直线工具" ，在"墨·韵旗舰店"文字下侧绘制直线，如图8-31所示，按【Ctrl+S】组合键，保存文件（配套资源：\效果\第8章\产品推广H5页面5.psd）。

图8-28 输入文字　图8-29 输入其他文字　图8-30 添加二维码　图8-31 绘制直线

8.3 产品推广H5页面的动效制作与发布

在完成产品推广H5页面的设计后，即可使用人人秀进行动效的制作与发布。在进行动效的制作前需设置开屏动效，这里以指纹解锁和微信对话开头，然后通过涂抹口红的场景引入内容，使页面更具创意性和美观性，最后将PSD图像文件导入人人秀制作页面中，再根据H5原型图中对动效的需求制作动效，完成后添加音效并在微信中进行发布。

8.3.1 为产品推广H5页面添加动效

设计人员在使用人人秀进行H5页面动效的设计时，首先需要添加互动，然后根据互动引入动效，并进行页面动效的设计，这样完成后的页面不但美观，而且更具连贯性。具体操作如下。

（1）登录人人秀官方网站，进入人人秀首页页面，单击"创建活动"选项，打开"创建活动"对话框，单击"空白活动"按钮，进入人人秀编辑页面，此时左侧列表将显示空白的页面。

（2）单击"互动"选项卡，打开"互动"面板，在左侧的列表中选择"趣味"选项卡，然后在右侧的列表中选择"指纹开屏"选项，如图8-32所示。

图8-32 选择指纹开屏互动

（3）在"指纹开屏"面板中，单击"图片"按钮，打开"图片库"对话框，单击上传图片按钮，在打开的对话框中选择要上传的图片，如图8-33所示，这里选择"背景.jpg"素材文件（配套资源：\素材\第8章\背景.jpg），单击打开(O)按钮，返回"图片库"面板，选择上传的图片，可发现开屏图片已经变换。

（4）单击"复制页面"按钮，或是单击 +添加页面 ··· 按钮，添加7个相同的空白页面，选择第2页，单击"互动"选项卡，打开"互动"面板，在左侧的列表中选择"趣味"选项卡，然后在右侧的列表中选择"微信对话"选项，如图8-34所示。

图8-33 选择背景图片

图8-34 选择微信对话互动

（5）返回图像编辑区，单击 微信对话设置 按钮，打开"基本设置"页面，单击"添加信息"超链接，打开"添加信息"面板，在"发送者"下拉列表中选择"对方"选项，在"消息内容"下的文本框中输入"听说你们店铺要上新口红了呀？"文本，单击 保存 按钮，如图8-35所示。

（6）返回"基本设置"页面，再次单击"添加信息"超链接，打开"添加信息"面板，在"发送者"下拉列表中选择"自己"选项，在"消息内容"下的文本框中输入"是呀！颜色很好看"文本，单击 保存 按钮，如图8-36所示。

图8-35 添加信息1

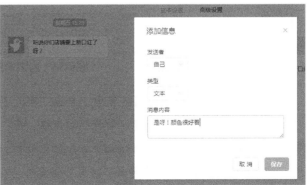

图8-36 添加信息2

（7）使用相同的方法，添加其他文字，其文字内容将在右侧列表中显示，如图8-37所示。

图8-37　添加其他文字

（8）单击"高级设置"选项卡，在"自己资料"下拉列表中选择"自定义"选项，然后单击头像，对头像图片进行选择，并在"昵称"文本框中输入"小米"。在"好友资料"下拉列表中选择"自定义"选项，然后单击头像，对头像图片进行选择，再在"昵称"文本框中输入"小兰"，单击 确定 按钮，如图8-38所示。

图8-38　高级设置

（9）选择第3页，在右侧列表中，单击"PS"按钮，打开"PSD导入"对话框，单击"上传PSD文件"按钮+，打开"打开"对话框，将"产品推广图素材.psd"素材文件（配套资源：\素材\第8章\产品推广图素材.psd）添加到页面中，调整图像位置。

（10）在页面右侧列表中单击"动画"选项卡，然后单击 +添加动画 按钮，在打开的面板中，设置"延迟"为"1s"，"持续"为"3s"，"次数"为"2"。在"动画"下拉列表中选择

"摇晃"选项，单击选中"重力感应"复选框，设置"感应强度"为"3"，如图8-39所示。

（11）单击"互动"选项卡，打开"互动"面板，在左侧的列表中选择"趣味"选项卡，然后在右侧的列表中选择"特效"选项，为图像添加特效，如图8-40所示。

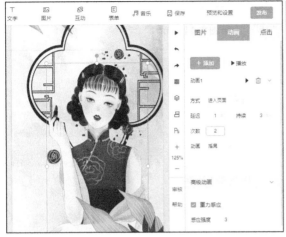

图8-39　添加动画　　　　　　　　　　　图8-40　添加特效

（12）选择第4页，在右侧列表中单击"PS"按钮，打开"PSD导入"对话框，单击"上传PSD文件"按钮，打开"打开"对话框，将"产品推广H5页面1.psd"素材文件（配套资源：\效果\第8章\产品推广H5页面1.psd），添加到页面中，调整图像位置。使用相同的方法，添加其他页面。

（13）返回第4页，选择最上侧的文字，在页面右侧列表中单击"动画"选项卡，然后单击 +添加动画 按钮。在打开的面板中，设置"延迟"为"1s"，"持续"为"2s"，"次数"为"1"。在"动画"下拉列表中选择"弹跳"选项，如图8-41所示。

（14）选择矩形，在页面右侧列表中单击"动画"选项卡，然后单击 +添加动画 按钮，在打开的面板中，设置"延迟"为"3s"，"持续"为"2s"，"次数"为"1"，然后在"动画"下拉列表中选择"飞入"选项，设置动画样式为"向左"箭头，如图8-42所示。

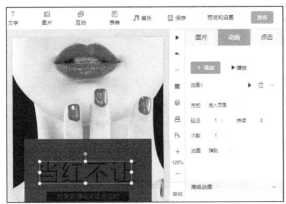
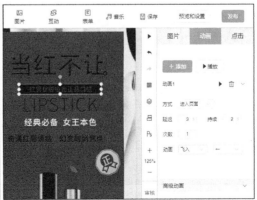

图8-41　添加"当红不让"动画　　　　　　图8-42　设置"矩形"动画

（15）使用相同的方法对其他文字设置与矩形相同的动画效果。

（16）选择第5页，单击"互动"选项卡，打开"互动"面板，在左侧的列表中选择"趣味"选项卡，然后在右侧的列表中选择"擦一擦"选项，为图像添加特效，如图8-43所示。

（17）此时可发现图像已经添加了动效，在右侧"擦一擦"面板中，选择第二个图片，然后设置"透明度"为"45"，"涂抹比例"为"25"，如图8-44所示。

图8-43　选择"擦一擦"互动

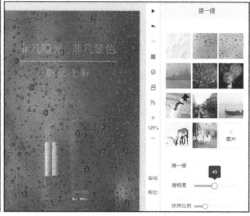

图8-44　擦一擦动效

（18）选择第6页，选择文字"媚染"，在页面右侧列表中单击"动画"选项卡，然后单击 +添加动画 按钮。在打开的面板中，设置"延迟"为"1s"，"持续"为"2s"，"次数"为"1"，然后在"动画"下拉列表中选择"落下抖动"选项，如图8-45所示。使用相同的方法设置其他文字。

（19）选择第7页，选择文字，在页面右侧列表中单击"动画"选项卡，然后单击 +添加动画 按钮，在打开的面板中，设置"延迟"为"1s"，"持续"为"2s"，在"动画"下拉列表中选择"滑动"选项，设置动画样式为"向下"箭头，如图8-46所示。使用相同的方法设置其他文字。

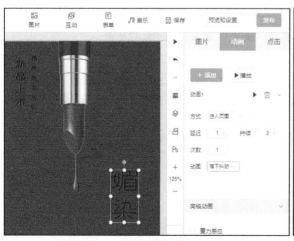

图 8-45　设置"媚染"动效

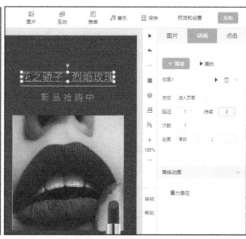

图 8-46　设置文字动效

8.3.2 为产品推广H5页面添加音效

微课视频

为产品推广H5页面添加音效

为产品推广H5页面添加动效后，还可根据页面内容添加音效。本例将添加音乐库中自带的音效。具体操作如下。

（1）选择第1页，单击"更多样式"右侧的下拉按钮 ∨，单击选中"定时翻页"复选框，在右侧的文本框中输入"5"，如图8-47所示。

（2）选择第3页，单击"更多样式"右侧的下拉按钮 ∨，单击选中"定时翻页"复选框，在右侧的文本框中输入"3"，如图8-48所示，使用相同的方法，为其他页面添加定时翻页。

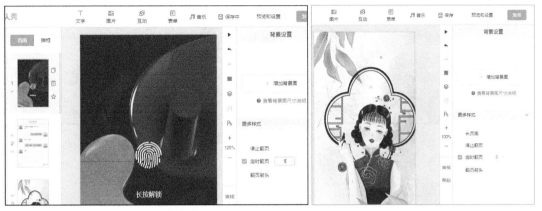

图8-47　设置定时翻页　　　　　　　　图8-48　添加定时翻页

（3）选择第3页，单击"互动"选项卡，打开"互动"面板，在右侧的列表中选择"声音"选项，如图8-49所示。

（4）打开"音乐库"面板，单击"流行"选项卡，在其中选择需要的音乐，其中单击 ▷ 按钮，可播放音乐，单击 ⊘ 按钮可完成音乐的添加，如图8-50所示。

图8-49　选择"声音"选项　　　　　　　图8-50　添加音乐

（5）返回图像编辑区，可发现页面上侧已经添加了音乐图标，在右侧的面板中选择触发方式，这里选择"进入页面触发"，然后设置"延时时间"为"1秒"，在下侧选择合适的音乐图标，即可完成音乐的添加，如图8-51所示。

图8-51 查看添加的音乐

8.3.3 发布产品推广H5页面

为产品推广H5页面添加完音效后，即可发布完成后的H5页面。发布前需设置分享标题，并生成二维码，方便页面的传播。具体操作如下。

微课视频

发布产品推广H5页面

（1）在页面的顶部单击 预览和设置 按钮，在打开的页面中可预览设置后的产品推广页面效果，单击"高级设置"选项卡，在"翻页方向"下拉列表中选择"上下翻页"，然后在"翻页动画"下拉列表中选择"移动翻页"选项，单击 发布 按钮，如图8-52所示。

图8-52 高级设置

（2）打开"发布"页面，在"分享头像"栏中选择合适的头像，在"分享标题"栏下的文本框中输入"产品推广H5页面"，单击 确定 按钮，如图8-53所示。

图8-53 设置发布内容

（3）进入分享页面，可发现中间有二维码和网址，用户只需扫描二维码即可进行H5页面的分享，单击 复制 按钮，可复制内容进行分享，如图8-54所示。

图8-54 分享二维码

8.4 项目实训

经过前面的学习，读者对产品推广H5页面的设计与制作方法有了一定的了解，下面可通过项目实训的形式巩固学习。

项目一▶**制作红酒推广H5页面**

⊙ **项目目的**

微课视频

8.4 项目一

运用本章所学知识，使用Photoshop制作红酒推广H5页面。该H5页面主要由4个页面组成，需要先制作红酒推广H5页面的首页，再制作产品介绍、活动展现等页面内容。完成后的参考效果如图8-55所示。

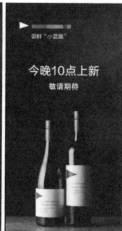

图8-55 红酒推广H5页面

⊙ **制作思路**

（1）制作红酒推广H5页面1。新建"名称""宽度""高度""分辨率"分别为"红酒推广H5页面1""640""1240""72"的图像文件。

（2）打开"红酒推广H5页面素材.psd"素材文件（配套资源：\素材\第8章\红酒推广H5页面素材.psd），将背景1拖曳到页面中，调整大小和位置。

（3）选择"矩形工具" ⬜，在图像上侧绘制360像素×60像素的矩形，并设置"填充"为"#a00c29"。

（4）选择"横排文字工具" T，输入文字，并设置"字体"为"方正黑体简体"，调整字体大小、位置和颜色。

（5）选择"圆角矩形工具" ⬜，在图像上侧绘制220像素×60像素的矩形，并设置"渐变填充"为"#e1a66f~#eec48e"。

（6）制作红酒推广H5页面2。新建"名称""宽度""高度""分辨率"分别为"红酒推广H5页面2""640""1240""72"的图像文件。

（7）选择"矩形工具" ⬜，在图像上侧绘制640像素×1240像素的矩形，并设置"填充"为"#fefefe"。

（8）双击矩形图层右侧的空白区域，打开"图层样式"对话框，单击选中"图案叠加"复选框，在右侧设置"不透明度""图案""缩放"分别为"9""网格1（8像素×8像素，RGB模式）""155"，单击 确定 按钮。

（9）新建图层，选择"钢笔工具" ，绘制2个菱形形状，并分别填充为"#0a0003""#1d3164"颜色。

（10）在打开的"红酒推广H5页面素材.psd"素材文件中，将酒瓶和安检标识拖曳到页面中，调整大小和位置。

（11）选择"横排文字工具" T，输入文字，设置"字体"为"方正兰亭刊黑_OCR"，并调整字体大小、位置和颜色。

（12）制作红酒推广H5页面3。新建"名称""宽度""高度""分辨率"分别为"红酒推广H5页面3""640""1240""72"的图像文件，在打开的"红酒推广H5页面素材.psd"素材文件中，将背景2拖曳到页面中，调整大小和位置。

（13）新建图层，选择"钢笔工具" ，绘制三角形形状，并填充为"#fefefe"颜色。

（14）选择"横排文字工具" T，再输入文字，设置"字体"为"方正兰亭刊黑_OCR"，调整字体大小、位置和颜色，并对中间文字倾斜显示。

（15）制作红酒推广H5页面4。新建"名称""宽度""高度""分辨率"分别为"红酒推广H5页面4""640""1240""72"的图像文件，在打开的"红酒推广H5页面素材.psd"素材文件中，将背景2拖曳到页面中，调整大小和位置，使用相同的方法绘制三角形并输入文字，完成后保存图像。

项目二 ▶ 制作红酒推广H5页面动效

⊕ 项目目的

运用本章所学知识，使用人人秀制作红酒推广H5页面动效。在设计时需要先添加开屏动效，然后将制作后的效果在动效中凸显出来。完成后的参考效果如图8-56所示。

微课视频

8.4 项目二

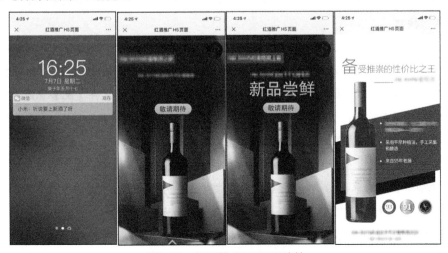

图8-56 红酒推广H5页面动效

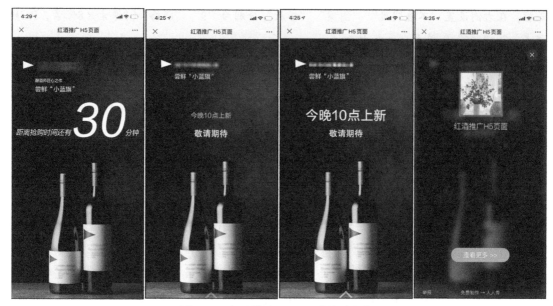

图8-56　红酒推广H5页面动效（续）

⊛ **制作思路**

（1）登录人人秀官方网站，进入人人秀首页页面，单击"创建活动"选项，打开"创建活动"对话框，单击"空白活动"按钮⊞，进入人人秀动效编辑页面。

（2）此时左侧列表将显示空白的页面，单击"复制页面"按钮▢，或者单击 ＋添加页面 ··· 按钮，添加4个相同的空白页面。

（3）选择第1页，单击"互动"选项卡，打开"互动"面板，在右侧的列表中选择"锁屏通知"选项。

（4）单击 锁屏通知设置 按钮，打开"基本设置"页面，单击"添加信息"超链接，在打开的对话框中，输入昵称和消息内容，完成后单击 保存 按钮，使用相同的方法添加其他信息，完成后单击 确定 按钮。

（5）选择第2页，在右侧列表中，单击"PS"按钮▣，打开"PSD导入"对话框，单击"上传PSD文件"按钮＋，打开"打开"对话框，将"红酒推广H5页面1.psd""红酒推广H5页面2.psd""红酒推广H5页面3.psd""红酒推广H5页面4.psd"素材文件（配套资源：\素材\第8章\红酒推广H5页面1.psd、红酒推广H5页面2.psd、红酒推广H5页面3.psd、红酒推广H5页面4.psd）分别添加到对应的页面中，调整图像位置。

（6）选择第2页，选择"INK RHYME设拉子干红葡萄酒"文字，在页面右侧列表中单击"动画"选项卡，然后单击 ＋添加动画 按钮，设置"延迟"为"1s"，"持续"为"2s"，最后在"动画"下拉列表中选择"飞入"选项，并设置箭头方向为向右。

（7）选择下侧的文字，在页面右侧列表中单击"动画"选项卡，然后单击 ＋添加动画 按钮，设置"延迟"为"3s"，"持续"为"2s"。在"动画"下拉列表中选择"渐入"选项，并设置箭头方向为向下。

（8）选择圆角矩形和上侧的文字，在页面右侧列表中单击"动画"选项卡，然后单击 + 添加动画 按钮，设置"延迟"为"6s"，"持续"为"2s"。在"动画"下拉列表中选择"弹跳"选项。

（9）选择第3页，选择最上侧的文字，在页面右侧列表中单击"动画"选项卡，然后单击 + 添加动画 按钮，设置"延迟"为"0s"，"持续"为"2s"，保持其他默认设置不变。

（10）选择中间文字，在页面右侧列表中单击"动画"选项卡，然后单击 + 添加动画 按钮，设置"延迟"为"3s"，"持续"为"2s"，保持其他默认设置不变。

（11）选择最下侧的文字，在页面右侧列表中单击"动画"选项卡，然后单击 + 添加动画 按钮，设置"延迟"为"5s"，"持续"为"2s"，在"动画"下拉列表中选择"刹车"选项。

（12）选择第4页，选择最上侧的文字，在页面右侧列表中单击"动画"选项卡，然后单击 + 添加动画 按钮，设置"延迟"为"0s"，"持续"为"2s"，然后在"动画"下拉列表中选择"转轴"选项并设置箭头方向为向左。

（13）选择下侧第一个文字，在页面右侧列表中单击"动画"选项卡，然后单击 + 添加动画 按钮，设置"延迟"为"0s"，"持续"为"1s"，然后在"动画"下拉列表中选择"飞入"选项并设置箭头方向为向左。

（14）选择第5页，选择中间文字，添加动画，并设置"延迟"为"0s"，"持续"为"2s"，然后在"动画"下拉列表中选择"缩放"选项。

（15）选择第1页，单击"更多样式"右侧的下拉按钮 ∨ ，单击选中"定时翻页"复选框，设置定时翻页时间。使用相同的方法分别对其他页面设置定时翻页时间。

（16）选择第2页，单击"互动"选项卡，打开"互动"面板，在右侧的列表中选择"声音"选项。

（17）打开"音乐库"面板，单击"流行"选项卡，在其中选择需要的音乐，单击 ⊙ 按钮可播放音乐，单击 ⊘ 按钮可完成音乐的添加。

（18）返回编辑区，可发现页面上侧已经添加了音乐图标，在右侧的面板中选择触发方式，这里选择"进入页面触发"，然后设置"延时时间"为"1"秒，在下侧选择合适的音乐图标，即可完成音乐的添加。

（19）在页面的顶部单击 预览和设置 按钮，在打开的页面中可预览设置后的产品推广页面效果，单击 发布 按钮，打开"发布"页面，在"分享标题"栏下的文本框中输入"红酒推广H5页面"，单击 确定 按钮。

（20）进入分享页面，可发现中间有二维码和网址，用户只需扫描二维码即可进行H5页面的分享，单击 复制 按钮，可复制内容进行分享。

实战演练

（1）本练习将使用素材文件（配套资源：\素材\第8章\家装节产品推广素材.psd）制作家装节产品推广H5页面（配套资源：\效果\第8章\家装节产品推H5页面\）。使用Photoshop将H5页面分为首页、产品介绍和活动内容，3个部分完成后的参考效果如图8-57所示。

图8-57　家装节产品推广H5页面

（2）本练习将使用人人秀制作家装节产品推广H5页面的动效。在设计时先添加语音来电互动，然后依次添加首页、产品介绍、活动内容等页面，并为文字添加动效，完成后发布H5页面内容。完成后的参考效果如图8-58所示。

图8-58　家装节产品推广H5页面动效

Chapter

9

第9章
综合案例 企业招聘H5
页面的设计与制作

9.1 制作企业招聘H5页面的前期准备

9.2 企业招聘H5页面的设计

9.3 企业招聘H5页面的动效制作与发布

H5页面创意设计（全彩慕课版）

学习引导			
	知识目标	能力目标	情感目标
学习目标	1. 了解制作企业招聘H5页面的前期准备 2. 了解企业招聘H5页面的设计 3. 了解企业招聘H5页面动效的制作与发布	1. 掌握企业招聘H5页面首页的制作方法 2. 掌握企业招聘H5页面内页的制作方法 3. 掌握企业招聘H5页面动效的设计与发布方法	1. 培养对品牌宣传类H5页面的设计能力 2. 培养自主学习能力
实训项目	制作招聘简章H5页面		

　　企业招聘H5页面是企业展示招聘信息的一种方式。优秀的企业招聘H5页面能提高招聘效率，为企业节约时间及资金成本。企业招聘H5页面中要明确企业的定位及愿景、目标，明确公司现有的岗位及需要的人才类型、招聘人员需具备的能力等，并对招聘流程等信息进行介绍，帮助应聘者更加了解企业。

　　本例将制作带有炫酷效果的企业招聘H5页面。图9-1所示为企业招聘H5页面完成后的效果。

图9-1　企业招聘H5页面效果

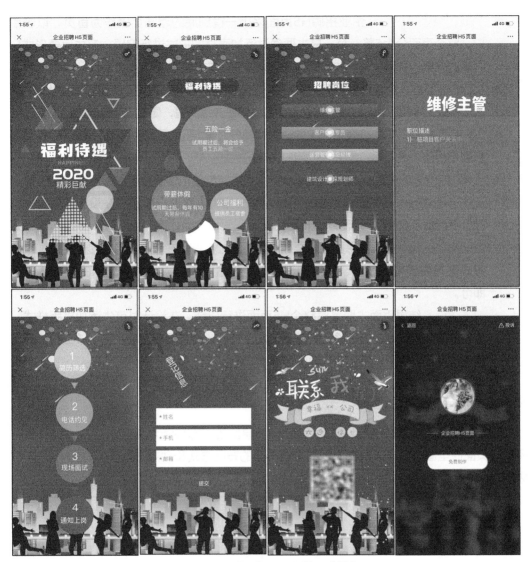

图9-1 企业招聘H5页面效果（续）

9.1 制作企业招聘H5页面的前期准备

在制作企业招聘H5页面前需要先做好前期准备工作，包括企业招聘H5页面设计构思、绘制H5原型图、整理招聘内容并搜集素材等。下面分别进行介绍。

9.1.1 企业招聘H5页面设计构思

企业招聘H5页面中不但要展示企业的具体信息，还要将福利待遇、招聘岗位、招聘流程、登录信息等内容加以展示，以便用户全面了解企业招聘内容。企业招聘H5页面经过设计构思，计划分为以下7个页面。

微课视频

企业招聘H5页面设计构思

- 企业招聘首页页面。企业招聘H5页面采用一镜到底的趣味页面作为首页，以吸引用户。整个页面分为5幕，每一幕主要通过添加素材的形式进行编辑，完成后要形成一镜到底的效果，并且在页面的最后添加跳转按钮，方便跳转至下一页。

- 企业介绍页面。企业介绍页面主要是展示企业内容。在设计时可以先添加素材背景，然后添加标题文字和正文，注意要将企业的基本信息介绍清楚，便于应聘者浏览。

- 福利待遇页面。福利待遇页面主要分为两部分，第1部分是开头页面，第2部分是福利信息展示页面。该页面应起到吸引用户关注的目的。

- 招聘岗位页面。招聘岗位页面用于介绍企业招聘岗位。该页面可以采用弹窗的形式。

- 招聘流程页面。招聘流程页面主要是对整个招聘流程进行展示。在设计时需要先绘制圆，然后输入文字，直观展示招聘过程。

- 登录信息页面。登录信息页面主要用于搜集人才数据。在设计时可直接使用添加表单的方式进行内容框的制作。在添加表单时，设置表单信息将需要展示的内容体现出来即可。

- 结尾页面。结尾页面主要是对整个H5页面进行总结。在设计时可先添加排版样式，然后修改文字，完成内容的输入，最后添加二维码，便于用户查看内容。该二维码可以是岗位的介绍，也可以是企业实力的展示。

9.1.2 绘制企业招聘H5页面原型图

完成企业招聘H5页面的设计构思后可绘制H5原型图。图9-2所示为企业招聘H5页面原型图，设计人员在原型图中对页面的布局方式和动效进行了说明。

微课视频

绘制企业招聘H5页面原型图

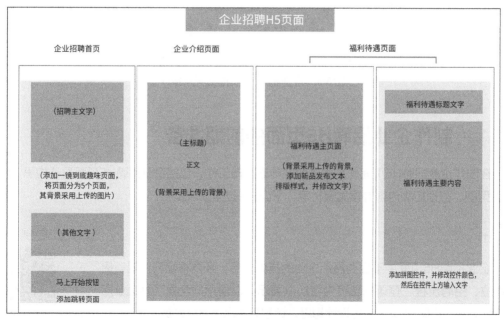

图9-2　企业招聘H5页面原型图

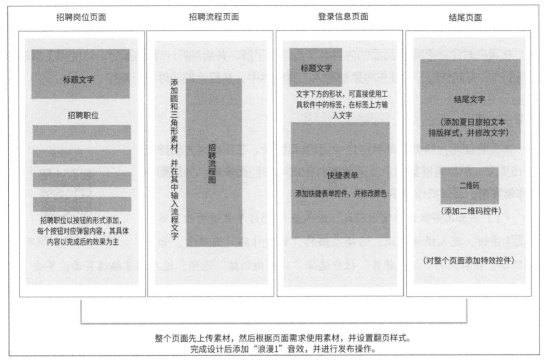

图9-2 企业招聘H5页面原型图（续）

微课视频

整理招聘内容并
搜集素材

9.1.3 整理招聘内容并搜集素材

在设计企业招聘H5页面前，设计人员可以先搜集能展示招聘内容的素材，如企业介绍，背景图片等。为了提高H5页面的美观度，可先将首页文字制作为精美的图片，然后搜集背景素材，便于在工具软件中进行制作。图9-3所示为企业招聘H5页面所搜集和制作的素材，通过这些素材的组合即可实现所需效果。

图9-3 搜集和制作的素材

9.2 企业招聘H5页面的设计

在用户对企业招聘H5页面的内容有了具体的了解，并绘制好H5原型图后，可使用工具软件进行制作。在制作时，需要先将素材导入工具软件中，然后添加控件进行制作。

9.2.1 导入企业招聘H5页面素材

本例将使用凡科微传单制作企业招聘H5页面。在制作时先创建空白H5页面，然后将搜集的企业招聘素材依次添加到图像中，为后期的制作做准备。具体操作如下。

微课视频

导入企业招聘H5页面素材

（1）登录凡科微传单官方网站，进入微信H5传单首页页面，单击 进入管理 按钮，进入模板商城，选择左侧的"创建作品"选项卡，如图9-4所示，在右侧的"热门推荐"栏中选择"从空白创建"选项，进入图像编辑页面，单击"素材"按钮 。

图9-4 使用免费模板

（2）打开"素材库"面板，单击 本地上传 按钮，打开"打开"对话框，选择需要上传的素材（配套资源：\素材\第9章\企业招聘H5页面），单击 打开(O) 按钮，返回"素材库"面板，可发现选择的素材已经显示到"我的图片"中，如图9-5所示。

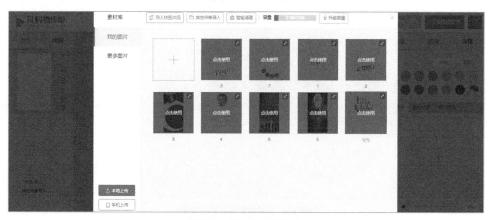

图9-5 导入素材图片

微课视频

制作一镜到底企业
招聘H5页面首页

9.2.2 制作一镜到底企业招聘H5页面首页

本例将制作一镜到底的企业招聘H5页面首页。在制作时将先添加一镜到底趣味页面，然后将素材依次添加到场景中，使其形成一镜到底的效果。具体操作如下。

（1）进入图像编辑区，单击"模板"按钮 ，在右侧展开的列表框中，单击"趣味页面"选项卡，在下侧选择"一镜到底"选项，添加一镜到底效果，如图9-6所示。

（2）打开模板页面，选择"从空白开始"选项，单击 添加 按钮，如图9-7所示。

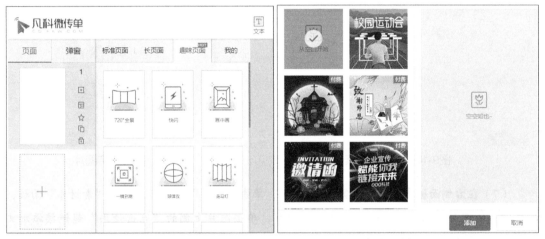

图9-6 添加趣味页面　　　　　　　图9-7 添加模板

（3）选择第一张页面，单击"删除"按钮 。删除最上侧的页面后，单击图像编辑区右侧的"手机适配"按钮 ，在打开的弹出框中，单击选中"全面屏"开关按钮，调整页面展现效果，如图9-8所示。

（4）选择"第1幕"选项，单击图像编辑区右侧的"背景"按钮 ，在右侧将打开"背景"面板，单击打开"开启背景"后的 开关，在"图片"栏中，单击 按钮，如图9-9所示。

图9-8 显示全面屏　　　　　　　图9-9 添加背景图片

（5）打开"素材库"面板，单击"我的图片"选项卡，选择背景所在图片，单击图片上侧的"点击使用"超链接，完成背景的添加，如图9-10所示。

（6）在图像编辑区的上侧，单击"素材"按钮，打开"素材库"面板，单击"我的图片"选项卡，选择"招聘等你来"图片，单击图片上侧的"点击使用"超链接添加文字，然后在图像编辑区中调整文字大小和位置，完成第一幕的制作，如图9-11所示。

图9-10　选择背景素材　　　　　图9-11　添加文字图片

（7）在右侧面板中，选择"第2幕"选项，单击"素材"按钮，打开"素材库"面板，单击"我的图片"选项卡，选择"寻找"图片，单击图片上侧的"点击使用"超链接添加文字，然后在图像编辑区中调整文字大小和位置，完成第2幕的制作，如图9-12所示。

（8）在右侧面板中，选择"第3幕"选项，使用相同的方法，添加"最闪亮的"文字，然后在图像编辑区中调整文字大小和位置，完成第3幕的制作，如图9-13所示。

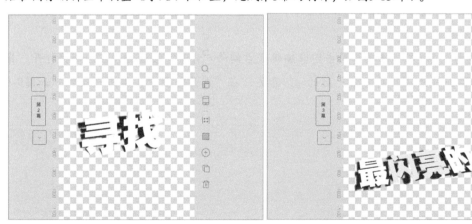

图9-12　添加"寻找"文字　　　　图9-13　添加"最闪亮的"文字

（9）在右侧面板中，选择"第4幕"选项，使用相同的方法，添加"YOU"文字，然后在图像编辑区中调整文字大小和位置，完成第4幕的制作，如图9-14所示。

（10）在右侧面板中，选择"第5幕"选项，单击图像编辑区右侧的"背景"按钮，在右侧将打开"背景"面板，单击打开"开启背景"后的 ⬤ 开关，使用相同的方法添加背景图片，完成后的效果如图9-15所示。

图9-14　添加"YOU"文字　　　　　图9-15　再次添加背景

（11）单击 ◯预览和设置 按钮，可查看设置后的一镜到底效果，如图9-16所示。

图9-16　查看完成后的效果

9.2.3　制作企业招聘H5页面内页

下面将制作企业招聘H5页面内页。在制作时先制作企业介绍页面，然后制作福利待遇、招聘岗位、招聘流程、登录信息页，最后制作结尾页面。具体操作如下。

微课视频

制作企业招聘H5页面内页

（1）制作企业介绍页面。在左侧面板中，单击＋按钮，添加页面，然后在右侧的"背景"面板的"图片"栏中，单击＋按钮，打开"素材库"面板，单击"我的图片"选项卡，选择背景图片，单击图片上侧的"点击使用"超链接，完成背景的添加，如图9-17所示。

（2）单击"文本"按钮 Ⓣ，在打开的下拉列表中选择"主标题"选项，在右侧将显示"文本"面板，在"字体"列表中选择"站酷锐锐体"选项，然后设置"文字"为"#3949ab"，输入文字"公司介绍"，完成后调整文字的位置，如图9-18所示。

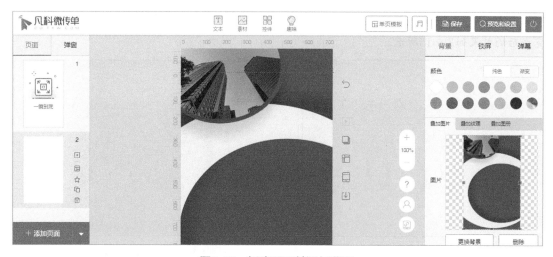

图9-17　新建页面并添加背景

（3）单击"高级样式"选项，使其中的内容展示出来，单击"文字阴影"选项，设置"颜色"为"#d1d1d1"，"模糊"为"10px"，如图9-19所示。

图9-18　输入标题文字　　　　　　　　　　　　　图9-19　添加文字阴影

（4）单击"文本"按钮 ⊤，在打开的下拉列表中选择"正文"选项，在下侧的文本框中输入图9-20所示的文字，打开"文本"面板，在"字体"列表中选择"站酷文艺体"选项，然后设置"字号""行距""文字"分别为"36px""2倍""#ffffff"，完成后调整文字的位置。

（5）制作福利待遇页面。在左侧面板中，单击+按钮，添加页面，然后在右侧的"背景"面板的"图片"栏中，单击+按钮，打开"素材库"面板，单击"我的图片"选项卡，选择背景所在图片，单击图片上侧的"点击使用"超链接，完成背景的添加，如图9-21所示。

（6）单击"文本"按钮 ⊤，在打开的下拉列表中选择"文本排版"选项，在左侧将打开"文本排版"面板，在下侧的列表中选择"新品发布"文本排版样式，如图9-22所示，此时可发现图像的中间区域已经添加了选择的样式。

图9-20 输入正文文字	图9-21 新建页面并添加图片

（7）双击中间的文字，使其呈可编辑状态，然后输入图9-23所示的文字内容。

图9-22 添加文本排版	图9-23 修改文字

（8）使用步骤（5）相同的方法新建页面，并添加背景效果。单击"文本"按钮①，在打开的下拉列表中选择"主标题"选项，输入"福利待遇"文本。打开"文本"面板，在"字体"列表中选择"站酷锐锐体"选项，然后设置"字号""行距""文字""背景"分别为"50px""1.5倍""#ffffff""#5d1c82"，如图9-24所示。

（9）单击"高级样式"选项，如图9-25所示，在打开的面板中设置"圆角"为"200px"，单击"文字阴影"选项，设置"颜色"为"#ab47bc"，"模糊"为"5px"，完成后的效果如图9-26所示。

（10）单击"控件"按钮▦▦，在打开的面板中选择"拼图"选项，打开"拼图"面板，在其中选择需要的拼图样式，如图9-27所示。

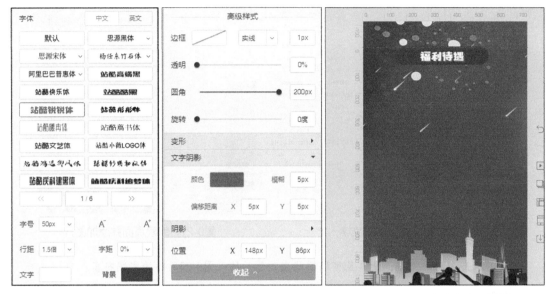

图9-24　设置文字样式　　　图9-25　设置高级样式　　　图9-26　查看完成后的效果

（11）此时可发现在图像编辑区中已经显示选择的拼图样式，依次选择其中的圆，单击弹出面板中的"颜色"按钮◼，在打开的颜色列表中选择圆需要替换的颜色，这里分别替换为"#ffeb3b""#1e88e5""#9c27b0""#ff5722""#4caf50""#ffffff"颜色，如图9-28所示。

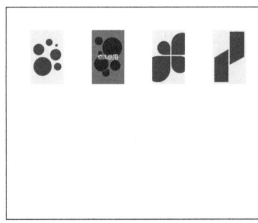

图9-27　选择拼图样式

图9-28　替换形状颜色

（12）单击"文本"按钮Ⓣ，在打开的下拉列表中选择"正文"选项，然后其依次在大圆中输入文字，并调整文字的颜色、大小和位置，如图9-29所示。

（13）制作招聘岗位页面。单击第4页右侧的"复制"按钮▤，复制页面，然后删除其中的圆形和文字效果，并修改上侧文字为"招聘岗位"，如图9-30所示。

（14）单击"控件"按钮▦▦，在打开的面板中选择"按钮"选项，此时在招聘岗位的下侧将添加按钮，拖曳按钮的四周将按钮放大显示，并修改文字为"维修主管"，如图9-31所示。

图9-29　在圆中输入文字

图9-30　修改文字

图9-31　添加按钮并修改文字

（15）在右侧"按钮"面板中的"按钮样式"列表中选择第4种样式，然后在"主题颜色"栏中设置颜色为"#e64a19"，如图9-32所示，修改后的效果如图9-33所示。

（16）选择制作的按钮，按【Ctrl+C】组合键复制按钮，再按【Ctrl+V】组合键粘贴按钮，使用相同的方法粘贴3个按钮，并分别修改按钮颜色为"#43a047""#fbc02d""#8e24aa"，然后修改按钮文字，效果如图9-34所示。

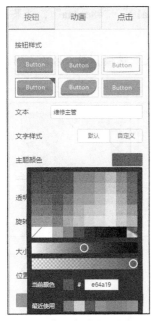

图9-32　修改按钮主题颜色

图9-33　修改后的效果

图9-34　复制按钮

H5页面创意设计（全彩慕课版）

（17）制作招聘流程页面。单击第5页右侧的"复制"按钮▣，复制页面并删除其中多余的素材。单击"素材"按钮◩，打开"素材库"面板，单击"形状"选项卡，在其中选择圆形，单击"点击使用"超链接，完成圆的选择，如图9-35所示。

（18）返回图像编辑区，在上侧绘制4个相同大小的圆，并分别设置填充颜色为"#fbc0zd""#43a047""#e64a19""#8e24aa"，效果如图9-36所示。

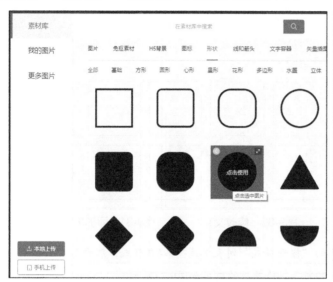

图9-35　选择圆形状

图9-36　绘制圆

（19）使用相同的方法，选择三角形并绘制在两个圆的中间位置，完成后在弹出的浮动列表中单击"图片翻转"按钮▣，在打开的下拉列表中选择"垂直翻转"选项，此时可发现形状已经翻转，完成后复制形状，并设置填充颜色分别为"#43a047""#e64a19""#8ez4aa"，效果如图9-37所示。

（20）单击"文本"按钮▣，在打开的下拉列表中选择"正文"选项，然后依次在形状中输入文字，并调整文字的颜色、大小和位置，如图9-38所示。

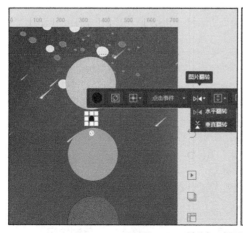

图9-37　绘制三角形

图9-38　添加文字

200

（21）制作登录信息页面页面。单击第6页右侧的"复制"按钮 ，复制页面并删除其中多余的素材。单击"素材"按钮 ，打开"素材库"面板，单击"文字容器"选项卡，在其中选择第一行红色标签样式，单击"点击使用"超链接，完成标签的选择，如图9-39所示。

（22）返回图像编辑区，可发现图像上侧已经添加了选择的标签，拖曳标签周围的调整点调整标签大小，然后将标签旋转并移动到左上角，效果如图9-40所示。

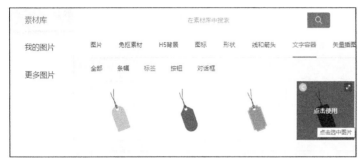

图9-39　选择标签样式

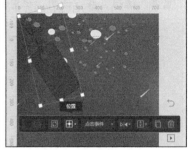

图9-40　调整标签大小

（23）单击"文本"按钮 ，在打开的下拉列表中选择"副标题"选项，然后依次输入"登记信息"文字，调整文字的颜色，然后单击"文本横排"按钮 ，并将其移动到标签上侧，调整文字位置并旋转为标签角度，如图9-41所示。

（24）单击"控件"按钮 ，在打开的面板中选择"快捷表单"选项，此时编辑区将添加快捷表单效果，调整表单位置，并将颜色修改为"#8e24aa"，如图9-42所示。

（25）制作结尾页面。单击第7页右侧的"复制"按钮 ，复制页面并删除其中多余的素材。单击"文本"按钮 ，在打开的下拉列表中选择"文本排版"选项，在其中选择"夏日旅拍"文本排版样式，如图9-43所示，此时可发现图像编辑区中已经显示了选择的样式。

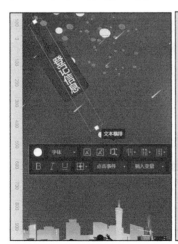

图9-41　调整文本位置与角度

图9-42　添加快捷表单

图9-43　添加"夏日旅拍"样式

（26）双击添加的文字，使其呈可编辑状态，修改文字，并将其移动到图像上侧，如图

9-44所示。

（27）单击"控件"按钮▦，在打开的面板中选择"二维码"选项，在文字下侧添加二维码，如图9-45所示。

（28）单击"控件"按钮▦，在打开的面板中选择"特效"选项，为图像添加特效，如图9-46所示，在右侧的"特效层"面板中的"特效"栏中选择"星空"选项，在"强度"栏中选择"密集"选项，在"透明"栏中设置"透明"为"10%"，完成后的效果如图9-47所示。

图9-44　修改文字　　　图9-45　添加二维码　　　图9-46　添加特效　　　图9-47　完成后的效果

🏠 9.3　**企业招聘H5页面的动效制作与发布**

在完成企业招聘H5页面的制作后，还要为其添加动效。在添加动效时需要先对按钮添加弹窗，并输入招聘内容，然后添加翻页，完成后添加背景音乐，并预览设置后的效果，最后进行发布。

9.3.1　为企业招聘H5页面添加动效

在进行企业招聘H5页面的动效设计时，需要先为按钮页面添加弹窗，并对弹窗内容进行编辑，然后添加翻页动画，使页面间过渡自然。具体操作如下。

（1）选择第5幕，单击"控件"按钮▦，在打开的面板中选择"按钮"选项，拖曳按钮的四周将按钮放大显示，并修改文字为"马上开始"，如图9-48所示。

（2）在右侧"按钮"面板中的"按钮样式"列表中选择第4种样式，然后在"主题颜色"栏中设置颜色为"#1e88e5"，如图9-49所示。

（3）在右侧"点击"面板中的"点击事件"列表中选择"跳转页面"选项，然后在"固定页面"栏中选择"2"，如图9-50所示，设置后的效果如图9-51所示。

图9-48　添加按钮　　图9-49　设置按钮样式和颜色　图9-50　设置点击页面　图9-51　设置后的效果

（4）选择第5页，选择"维修主管"按钮，单击"点击"选项卡，在"点击事件"下拉列表中选择"打开弹窗"选项，在下侧单击"固定弹窗"选项卡，如图9-52所示，单击 创建弹窗 按钮，在打开的列表中单击 | 按钮。

图9-52　创建弹窗

（5）进入"弹窗"页面，在右侧的"弹窗"面板中，设置背景颜色为第2排第2种颜色，并设置"透明"为"0%"。单击"文本"选项卡，在打开的下拉列表中选择"主标题"选项，如图9-53所示。

（6）在文本框中输入"维修主管"文字，然后在右侧的面板中，设置"字体""颜色"分别为"思源黑体—特粗""#ffffff"选项，其余参数保持默认设置，并将文字移动到页面顶部，效果如图9-54所示。

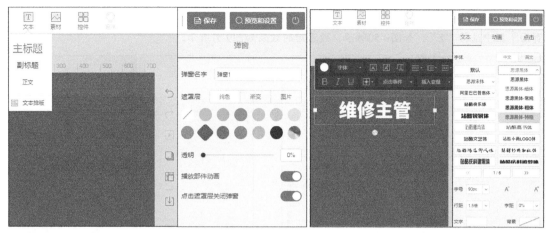

图9-53　设置文字样式　　　　　　　　　　图9-54　输入文字

（7）再次单击"文本"按钮，在打开的下拉列表中选择"正文"选项，在中间区域输入图9-55所示的文字，然后设置"字号""行距""颜色"分别为"34""1.5""#ffffff"，单击"左对齐"按钮，将文字左对齐操作。

（8）单击页面右侧的"复制"按钮，复制弹窗，然后将文字修改为图9-56所示的内容。

（9）使用相同的方法对其他岗位进行内容的编辑，完成后的效果如图9-57所示，按【Ctrl+S】组合键保存编辑。

  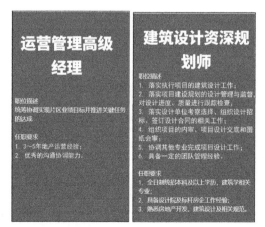

图9-55　输入正文内容　图9-56　输入客服信息专员内容　　　图9-57　输入其他内容

（10）单击"页面"选项卡，返回页面，单击"维修主管"按钮，单击"点击"选项卡，单击按钮，在打开的下拉列表中选择"弹窗1"，单击选中"点击音效"开关按钮，然后设置"点击音效"为"箫声"，单击选中"点击提示"开关按钮，如图9-58所示。

（11）使用相同的方法，对其他按钮添加点击和弹窗效果，其弹窗内容要与前面编辑的弹窗内容相符。

（12）选择第2页，在右侧单击 <u>应用于所有页面</u> 按钮，在展开的页面中，单击选中"自动翻页"开关按钮，设置"延迟"为"6"，如图9-59所示。

（13）选择第3页，在右侧单击 <u>应用于所有页面</u> 按钮，在展开的页面中，单击选中"自动翻页"开关按钮，设置"延迟"为"3"，如图9-60所示。使用相同的方法，设置其他页面的"延迟"为"4"。

图9-58　添加维修主管各按钮参数　　图9-59　设置第2页自动翻页　图9-60　设置第3页自动翻页

9.3.2　为企业招聘H5页面添加音效

为企业招聘H5页面添加动效后，还可根据页面内容为其添加音效。本例将添加音乐库中自带的浪漫音效。具体操作如下。

（1）单击"背景音乐"按钮，在打开的下拉列表中，单击 <u>选择音乐</u> 按钮，如图9-61所示。

（2）打开"系统音乐"面板，在右侧的页面中选择"浪漫1"背景音乐，单击"点击使用"超链接，如图9-62所示。

微课视频

为企业招聘H5页面添加音效

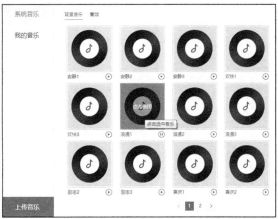

图9-61　单击"选择音乐"按钮　　　　图9-62　选择背景音乐

9.3.3 发布企业招聘H5页面

为企业招聘H5页面添加完音效后，即可发布完成后的H5页面。发布前需编辑分享样式，并生成二维码以便于页面的传播。具体操作如下。

微课视频

发布企业招聘H5页面

（1）保存图像，然后单击 ◯ 预览和设置 按钮，进行预览页面，单击"编辑分享样式"按钮 ◻，设置分享标题、分享描述和封面图，单击 使用分享标题 按钮，返回预览页面，查看完成后的整个效果，如图9-63所示。

图9-63　设置分享样式

（2）单击 ＞ 按钮，返回基础设置，单击 ⚯ 分享作品 按钮，打开"分享作品"面板，单击 ⬇ 下载图片 按钮，如图9-64所示。

图9-64　分享作品

（3）打开"二维码广告图设置"面板，设置"主标题""副标题""扫描提示"分别为"企业招聘H5页面""幸福××公司""企业招聘H5页面"后，单击 下载图片 按钮，如图9-65所示。

（4）打开下载页面，选择下载位置，然后打开下载的页面可发现页面中有制作的企业招聘

H5页面的二维码，如图9-66所示。

<table>
<tr><td>图9-65　设置分享样式</td><td>图9-66　招聘二维码</td></tr>
</table>

（5）打开微信扫描二维码，稍等片刻将打开制作的企业招聘H5页面，在其中可查看设置后的效果。

9.4　项目实训

经过前面的学习，读者对企业招聘H5页面的设计与制作方法有了一定的了解，下面可通过项目实训的形式巩固学习。

项目▶制作招聘简章H5页面

⊛ 项目目的

运用本章所学知识，使用凡科微传单制作招聘简章H5页面。该H5页面主要由6部分组成，在制作时先制作手机来电动效，然后对招聘简章首页、企业文化、福利待遇、招聘职位等进行介绍，最后制作信息登录页面。完成后的参考效果如图9-67所示。

微课视频

9.4　项目实训

⊛ 制作思路

（1）登录凡科微传单官方网站，进入微信H5传单首页页面，单击 进入管理 按钮，进入模板商城，单击"从空白创建"按钮，进入图像编辑页面。

（2）单击"趣味"按钮💡，在打开的列表中选择"手机来电"选项，在下侧将添加手机来电效果，在右侧的面板中设置"来电人""定位"分别为"墨韵""上海"，单击 更换背景 按钮，打开"素材库"面板，选择需要的素材，单击"点击使用"超链接，为手机来电更换背景。

（3）制作招聘简章首页页面。新建页面，在右侧的"背景"面板的"图片"栏中，单击＋按钮，打开"素材库"面板，在"素材库"中选择需要的背景素材，单击图片上侧的"点击使用"超链接添加背景。

（4）单击"文本"按钮⊤，在打开的下拉列表中选择"文本排版"选项，在其中选择"铸就一流品质"文本排版样式，此时可发现图像编辑区中已经显示了选择的样式，更改样式中的文字内容和颜色。

（5）制作企业文化页面。新建页面，单击"素材"按钮❖，打开"素材库"面板，在"素材库"中选择商务类素材，单击图片上侧的"点击使用"超链接添加图片，然后单击"裁剪"按钮▢，将图片裁剪为需要的大小。

（6）单击"文本"按钮⊤，在打开的下拉列表中选择"主标题"选项，然后在页面的右下侧输入文字，并调整文字的字体、颜色、大小和位置。

（7）制作福利待遇页面。新建页面，使用步骤（3）相同的方法添加背景效果，然后单击"控件"按钮▦，在打开的面板中选择"按钮"选项，此时在背景的上侧将显示添加的按钮，拖曳按钮的四周将按钮放大显示，并修改文字为"福利待遇"，然后将按钮样式更改为椭圆，颜色更改为"#512da8"。

（8）单击"控件"按钮▦，在打开的面板中选择"拼图"选项，打开"拼图"面板，在其中选择需要的拼图样式。依次选择拼图样式中的圆，单击弹出面板中的"颜色"按钮◯，在打开的颜色列表中选择圆需要替换的颜色，这里分别替换为"#00897b""#1976d2""#e64a19""#8e24aa""#4d81b43"颜色。

（9）单击"文本"按钮⊤，在打开的下拉列表中选择"正文"选项，然后其依次在大圆中输入文字，然后调整文字的颜色、大小和位置。

（10）制作招聘职位页面。新建页面，使用步骤（3）相同的方法添加背景效果，然后复制"福利待遇"按钮，将名称更改为"招聘职位"。

（11）使用前面相同的方法，复制按钮并更改按钮的大小、文字样式和颜色，然后分别将按钮名称修改为"人力资源主管""前端开发师"。

（12）选择"人力资源主管"按钮，单击"点击"选项卡，在"点击事件"下拉列表中选择"打开弹窗"选项，在下侧单击"固定弹窗"选项卡，单击 创建弹窗 按钮，在打开的列表中单击＋按钮。进入"弹窗"页面，编辑人力资源主管的弹窗内容。单击页面右侧的"复制"按钮▤，复制弹窗，然后将文字修改为前端开发师内容。

（13）单击"页面"选项卡，返回页面，单击"人力资源主管"按钮，单击"点击"选项卡，单击 选择弹窗 按钮，在打开的下拉列表中选择"弹窗1"。使用相同的方法，单击"前端开发师"按钮，单击"点击"选项卡，单击 选择弹窗 按钮，在打开的下拉列表中选择"弹窗2"。

（14）制作信息登录页面。新建页面，使用步骤（5）相同的方法添加素材，并对素材进行裁剪操作，然后绘制名称为"联系我们"的按钮。

（15）单击"控件"按钮，在打开的面板中选择"快捷表单"选项，此时图像编辑区将添加快捷表单效果，调整表单位置，并将颜色修改为"#303f9f"。

（16）单击"背景音乐"按钮，在打开的下拉列表中，单击 选择音乐 按钮。打开"系统音乐"面板，在右侧的页面中选择"浪漫2"背景音乐，单击"点击使用"超链接。

（17）单击 预览和设置 按钮，预览页面，单击"编辑分享样式"按钮，设置分享标题、分享描述和封面图，单击 分享作品 按钮，打开"分享作品"面板，单击 下载图片 按钮。打开下载页面，选择下载位置，然后打开下载的页面可发现页面中有制作的招聘简章的H5页面的二维码，扫描二维码查看H5效果。

图9-67 招聘简章H5页面

209

实战演练

本练习将使用凡科微传单制作企业宣传H5页面。在制作时先添加素材，然后对页面进行制作，整个企业宣传分为首页、公司简介、公司优势、联系我们、招商加盟5个部分。完成后的参考效果如图9-68所示。

图9-68　企业宣传H5页面效果